700萬人評選！

最想吃的
氣炸鍋
人氣排行料理

韓國最大料理平台
萬道料理研究會／著

700萬人選出來的氣炸鍋料理
就是不一樣！

點閱率突破10億！
韓國市佔率第一的料理平台——「萬道料理」
告訴你全民票選公認最美味的氣炸鍋料理食譜！

　　萬道料理一直希望能呈現最感動人心的美味，所以熱烈邀請藏身民間的大廚、高手們，提供他們獨家料理祕訣和私房食譜跟大家分享。

　　這次我們以「氣炸鍋料理」為主題，嚴選出103道風靡各家廚房的經典菜色，在廣大讀者的敲碗聲中，終於推出《700萬人評選！最想吃的氣炸鍋人氣排行料理》。經過這麼多人認證過的美食，相信這些絕佳風味也絕對能深獲你心！

好吃、經典、不失敗，網路票選人氣王！
根據7大實用主題，羅列出最熱門Top15排行榜

　　我們在料理平台中推動「人氣食譜排行榜」的活動，讓大家投票選出各自心目中認為最好吃、最經典，以及成功率最高的食譜，無論你是廚房菜鳥還是資深老手，跟著食譜做，你也能端出跟餐廳級大廚一樣的美味。

　　書中依序介紹美味早午餐、三餐料理、高纖養顏菜單、派對料理、下酒菜、鹹甜點心等7大主題，讓你不論是想要一個人獨享、一家人分享，或是三五好友小聚開趴，都能即時找到美味提案！

別讓既定觀念侷限你的想像！
你不知道的氣炸鍋料理新世界

　　有些用氣炸鍋的人，用到後來心好累，以為氣炸鍋只能用來拯救發軟的炸雞和披薩。千萬別讓過去不開心的經驗，限制了氣炸鍋料理的各種可能！不管你是想做煎、煮、烘、烤、炸的料理，還是簡單烘焙，通通都能用這一鍋搞定。

　　氣炸鍋是用高速熱對流加熱，比起其他烹飪方式更能保留食物原本的滋味。你可能沒辦法想像，用氣炸鍋煮出來的料理，居然可以比外面餐廳更好吃！

你想得到的需求，通通滿足你！
減肥享瘦、一人獨酌、開心宴客都可以
活用度100%的食譜書

　　如果你剛好想做減肥料理，就翻翻低卡少油的高纖輕食篇；想在深夜裡跟自己喝一杯，就來點帶勁的下酒菜；想招待親朋好友，就立刻打開派對料理的章節，經典大菜也能快速上桌。

　　無論你有任何需求，《700萬人評選！最想吃的氣炸鍋人氣排行料理》都聽見了，一起來盡情享受各大功能性食譜吧！

　　我們最大的期待，就是希望能透過這本書讓廚藝精湛的你更輕鬆料理，讓害怕炸掉廚房的新手們，也能用最少時間端出最讓人流口水的佳餚，豐富每個人的烹飪生活。

　　萬道食譜會繼續努力，用更多的美食與大家交流心得，也誠心感謝每一位支持我們走到現在的讀者。謝謝你們，有你們真好！

萬道料理團隊

目錄 **Contents**

Part 1　給你一整天滿滿的活力！
美味早午餐

Part 2　輕輕一按，迅速出好菜！
一日三餐下飯料理

Part 3　低卡少油，拯救完美曲線！
高纖養顏料理

Part 4　三五好友揪起來！
歡樂派對料理

Part 5　一個人獨酌也好過癮！
下酒菜料理

No.1

Part 6　嘴饞的時候就是要它！
有鹹有甜的點心

No.8

Part 7 會插電就會煮！
超省時加工料理

No.1

No.2

No.10

快速認識氣炸鍋

　　氣炸鍋（Air Fryer）是利用高溫的熱風，再加上風扇產生熱對流，讓食材的每個部位熟透，同時具備了微波爐快速加熱和食品烘乾機少油的特點。它的體積比烘乾機和微波爐更小、預熱速度更快，使用方法也很簡單，是一個近來人氣居高不下的小家電。

　　因為是利用食材本身的油分烘烤，可以逼出過多的油和脂肪，所以能做出多種外表酥脆的健康料理。最棒的是它還可以用簡單、快速的方式加熱冷凍食品，同時擁有外酥內嫩的口感。想要優雅烹飪的你絕不能錯過！

氣炸鍋的使用方法

◆ 不同品牌的氣炸鍋，設定的溫度也會有些微不同。第一次使用時，可以先從加熱冷凍食品開始，做個簡單測試。

◆ 脂肪含量比較多的食材，不用另外噴油或刷油，直接氣炸就可以了；脂肪比較少的食材，可以噴一點橄欖油或放奶油一起料理，味道會更好。

◆ 把食材放進氣炸鍋時，注意要在食材之間留些空隙，別碰在一起，以免影響加熱的效果。

◆ 氣炸鍋使用前，可以像烤箱一樣先預熱過，能縮短料理時間。

◆ 加熱時間會因為食材的大小或狀態而不同，過程中需要隨時確認。

氣炸料理推薦工具

烘焙紙	噴油瓶	耐熱容器
烘焙紙可以維持食材的濕潤度，也較好清洗。料理時，食物的油和殘渣會從炸籃的孔隙間流出來沾到鍋子。鋪上一層烘焙紙，就能把油脂或殘渣留在紙上，清潔更省力。	能均勻噴灑少量的油。也可以用料理刷塗抹、或是將食材放進乾淨塑膠袋搖晃均勻。	裝進可以用來微波的耐熱容器，再放入氣炸鍋料理，就不用另外再盛盤，直接取出就可以上桌，非常方便。

氣炸鍋的清潔方法

　　氣炸鍋使用完後，要等到完全冷卻再清潔。炸籃建議先用溫水沖洗，並用軟的菜瓜布清潔，再用乾布快速擦乾水分。因為表面有不沾鍋的塗層，要用軟的菜瓜布才不會破壞表面，盡快把水分擦乾也能避免生鏽。如果使用了很多油，加熱管（蚊香）建議也要先用廚房紙巾擦拭去油。

氣炸鍋的外鍋和炸籃

油炸後用廚房紙巾擦拭加熱管

 注意：初次使用時，記得先開鍋。

第一次使用新的氣炸鍋時，不要放任何食材，先調到200度空燒5分鐘以上，將殘留的水分和新機的味道去除。不同產品的處理方法略有不同，使用前別忘了參考使用說明書。開完鍋之後，可以用廚房紙巾沾一點用水稀釋過的白醋擦拭。

超簡單的計量方法

🥄 用**湯匙量**（1 匙＝10 毫升）

粉狀食材

糖1匙：挖出一整匙的分量，滿滿蓋過湯匙。

糖1/2匙：挖出半匙的分量，蓋過湯匙的一半。

糖1/3匙：挖出1/3匙的分量，蓋過湯匙的1/3。

液體食材

醬油1匙：湯匙舀起後，分量滿到邊緣。

醬油1/2匙：湯匙舀起後離邊緣有段空隙，約湯匙的一半。

醬油1/3匙：湯匙舀起後，分量大約湯匙的1/3。

膏狀食材

辣椒醬1匙：挖出一整匙的分量，滿滿蓋過湯匙。

辣椒醬1/2匙：挖出半匙的分量，蓋過湯匙的一半。

辣椒醬1/3匙：挖出1/3匙的分量，蓋過湯匙的1/3。

🥤 用紙杯量（1 杯＝200 毫升）

湯汁1杯：紙杯裝到快滿至邊緣，但不溢出。

麵粉1杯：裝滿紙杯後，刮掉多餘的麵粉，對齊杯口。

黑豆1杯：裝滿紙杯後，刮掉多餘的黑豆。

👐 用手量

菠菜1把：一手剛剛好握滿。

韭菜1把：自然握住切面約五十元銅板大的分量。

少許：用大拇指與食指輕輕捏取的分量。

⚖ 用秤量100克

肉類：約手掌大小。直徑5×厚度2（公分）

魚類：1塊鯖魚

圓形蔬菜：1/2顆洋蔥

長條蔬菜：1/2條紅蘿蔔

PART 1

給你一整天

滿滿的活力！

美味早午餐

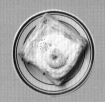

隨手輕鬆捲，200%不失敗！

熱狗吐司捲

早午餐
第1名

料理時間
30
分鐘

分量
2人份

 氣炸溫度
180度

 氣炸時間
10分鐘 ──翻面── **5**分鐘

 烘焙紙

 材料
吐司5片、雞蛋2顆、牛奶5匙、切達起司片5片、小熱狗5條、麵包粉1杯、橄欖油少許

食譜

1. 吐司去邊，用擀麵棍擀平。

2. 將雞蛋和牛奶倒入碗中，一起打散。

3. 把切達起司片和小熱狗放上吐司捲起來，在接合處沾步驟2的蛋液固定。

4. 將熱狗捲放入步驟2的蛋液滾一圈，再均勻沾裹麵包粉。

5. 在氣炸鍋底鋪上烘焙紙，放入熱狗捲，並噴上一點橄欖油。

6. 先用**180**度烤**10**分鐘後，翻面再烤**5**分鐘就完成了。

美味早午餐

在家自製濃郁滑順香蒜醬！

法式香蒜麵包

分量
4人份

 氣炸溫度
150度

氣炸時間
10分鐘

烘焙紙

 材料

法國麵包1條
香蒜抹醬材料 奶油3匙、糖2匙、煉乳3匙、美乃滋2匙、蒜泥1匙、香芹粉少許

 食譜

用刀把法國麵包劃開，再把整條麵包切成2～3等分（配合氣炸鍋大小）。

奶油用微波爐加熱10秒後，與其他**香蒜抹醬材料**倒入碗中混合攪拌。

在劃開的法國麵包空隙及表面，均勻塗上香蒜抹醬。

在氣炸鍋底鋪上烘焙紙，放入香蒜麵包，以**150度**烤**10分鐘**就完成了。

美味早午餐

快速上桌的幸福早午餐
太陽蛋培根吐司

分量
2人份

 氣炸溫度
180度

 氣炸時間
10分鐘

烘焙紙

 材料

吐司2片、培根4條、雞蛋2顆、莫札瑞拉乳酪絲1/2杯、香芹粉少許

 食譜

用湯匙分別在2片吐司的中間壓出一個凹洞。

將培根兩端往中間對折，交叉平放在吐司上，並把蛋打入凹陷處。

在蛋的周圍撒上莫札瑞拉乳酪絲。

在氣炸鍋底鋪上烘焙紙，放入吐司，以**180度**烤**10分鐘**。

最後撒上香芹粉就完成了。

首爾明洞必吃美食！

韓式雞蛋糕

早午餐
第4名

料理時間
30
分鐘

 分量
3人份

 氣炸溫度
150度

氣炸時間
25分鐘

 材料

蔥1支、培根1條、橄欖油少許、雞蛋3顆、鹽少許
麵糊材料 雞蛋1顆、牛奶1/3杯、鬆餅粉1杯、鹽少許

食譜

先把雞蛋和牛奶
打散,再將鬆餅
粉過篩倒入

1

將所有**麵糊材料**倒入一個大碗中,攪
拌到沒有結塊。

2

將蔥切成蔥花、培根切丁。

先在杯子裡
塗一層橄欖
油,之後更
容易脫膜

3

把步驟1的麵糊平均倒入3個紙杯,每
杯大約裝到杯子的1/3。

4

在每杯麵糊上打入1顆蛋,用牙籤戳
破蛋黃。

5

將鹽和培根丁撒在雞蛋上,放入氣炸
鍋,以**150度**烤**25分鐘**。

6

把雞蛋糕從紙杯中取出,最後撒上蔥
花就完成了。

美味早午餐

個人獨享版，不怕吃不完

墨西哥洋芋披薩

分量
1人份

 氣炸溫度
180度

氣炸時間
7分鐘

烘焙紙

 材料

馬鈴薯1顆、青椒1/4顆、火腿片2片、切達起司片1片、鹽少許、墨西哥捲餅皮2片、莫札瑞拉乳酪絲1/2杯、番茄糊或番茄醬3匙

 食譜

1

馬鈴薯削皮後，直切成6～8等分的月亮形塊狀，青椒切丁，火腿片、切達起司片切成一口大小。

也可以用
氣炸鍋加熱

2

馬鈴薯用鹽調味後放入大碗、蓋上保鮮膜，用微波爐加熱4分鐘。

3

在墨西哥捲餅皮鋪上2匙莫札瑞拉乳酪絲，再蓋上另一片捲餅皮。

4

表面均勻塗上番茄糊或番茄醬，放上馬鈴薯塊、青椒丁、火腿片、切達起司片和剩下的莫札瑞拉乳酪絲。

5

在氣炸鍋底鋪上烘焙紙，放進披薩後以**180度烤7分鐘**就完成了。

再來杯咖啡，享受悠閒時光

肉桂吐司酥條

分量 **2人份**	氣炸溫度 **180度**	⏱ 氣炸時間 **6分鐘** 翻面 **4分鐘**	🧻 烘焙紙

 材料

吐司5片、奶油2匙、鹽少許、香芹粉少許、肉桂粉1匙、糖3匙

 食譜

1

把吐司切成長條狀。

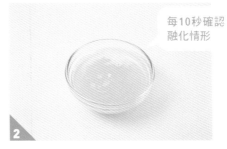

每10秒確認
融化情形

2

奶油用微波爐加熱30～50秒，使其完
全融化。

3

將融化的奶油，跟鹽、香芹粉充分混
合後，均勻塗在吐司條每一面。

4

在氣炸鍋底鋪上烘焙紙，放入步驟3
的吐司條，先以**180度**烤**6分鐘**，翻面
再烤**4分鐘**。

5

將吐司條取出，撒上肉桂粉和糖就完
成了。

迪士尼樂園裡的超人氣美食！

基督山三明治

分量
2人份

 氣炸溫度
180度

氣炸時間
8分鐘

烘焙紙

材料

吐司3片、草莓果醬適量、火腿片2片、切達起司片2片、雞蛋1顆、麵包粉適量、橄欖油少許

食譜

1

在吐司其中一面均勻塗上草莓果醬。

2

將火腿→起司片→吐司依序疊在步驟1的吐司上，最上面再塗一層果醬後，重複放上火腿→起司片→吐司。

3

蛋打散後，將步驟2疊好的三明治依序沾上蛋液和麵包粉，放入鋪好烘焙紙的氣炸鍋，噴一點橄欖油。

4

以**180度**烤**8分鐘**後就完成了。

在家也能品嘗到的法式經典美味
法式白醬三明治

早午餐
第8名

料理時間
30
分鐘

材料 吐司6片、火腿片4片、格呂耶爾起司片20片（2*5公分）、黃芥末醬1匙、莫札瑞拉乳酪絲2匙

白醬材料 奶油2匙、麵粉2匙、牛奶2杯、格呂耶爾起司丁1/3杯、肉荳蔻少許、鹽少許、胡椒粉少許

 食譜

麵粉先用奶油炒過，香氣會更好

製作白醬時，先開小火融化奶油，再倒入麵粉拌炒，過程中慢慢加牛奶，拌勻再倒入格呂耶爾起司丁，小火滾煮至濃稠。

加入肉荳蔻、鹽和胡椒粉調味，放涼後，白醬就完成了。

在吐司片均勻塗上白醬。

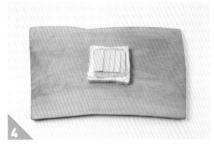

疊上火腿和格呂耶爾起司片。

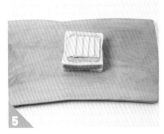

蓋上另一片吐司，塗抹黃芥末醬再依序疊上火腿片、格呂耶爾起司片和吐司。

在最上面那層塗滿白醬後，撒上莫札瑞拉乳酪絲。

要確認起司是否上色

在氣炸鍋底鋪上烘焙紙，放入三明治，以**180度**烤**15分鐘**後就完成了。

美味早午餐

早餐時光裡的英式風情
抹茶司康

分量
2人份

 氣炸溫度
160度

 氣炸時間
13分鐘——翻面——**5分鐘**

 烘焙紙

 材料

鬆餅粉2杯、抹茶粉1匙、切丁奶油1匙、雞蛋1顆、橄欖油少許、牛奶1杯、巧克力脆片3匙

 食譜

美味早午餐

1
將鬆餅粉與抹茶粉攪拌均勻後一起過篩,再拌入奶油丁。

2
在拌好的**步驟1**混合粉裡加入蛋、橄欖油和牛奶後,再次攪拌。

把揉成一團的麵團冷藏30分鐘,外觀會更漂亮

也可以裝進乾淨塑膠袋裡搓揉

3
加入巧克力脆片後繼續攪拌,取出後用手揉成一個麵團。

在表面塗上蛋液,烤出來會更美味

4
在氣炸鍋底鋪上烘焙紙,將切成三角形的小麵團放入。

用牙籤戳下去沒有沾黏時,就代表已經熟透了

5
以**160度**烤**13分鐘**,翻面再烤**5分鐘**就完成了。

簡單的果醬吐司,氣炸過更好吃

果醬法國派

分量
2人份　｜　氣炸溫度 **180度**　｜　氣炸時間 **10分鐘**

材料

吐司6片、蘋果醬及草莓醬適量

食譜

1 吐司去邊，用擀麵棍擀平。

2 用瓶蓋分別將兩片吐司挖出4個洞。

3 把吐司一面塗滿蘋果醬，疊上另一片再塗滿蘋果醬，最後蓋上挖洞吐司。

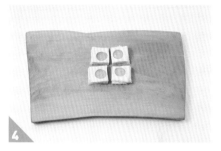

4 將吐司切成4等分；另外3片吐司以同樣做法塗上草莓醬。

5 放入氣炸鍋，以**180度**烤**10分鐘**就完成了。

搭配一杯冰牛奶滋味絕妙

玉米起司燒

分量
4人份

 氣炸溫度
180度

 氣炸時間
10分鐘

烘焙紙

 材料

罐頭玉米粒1杯、蜂蜜芥末醬3匙、美乃滋3匙、莫札瑞拉乳酪絲1杯、胡椒粉少許、小餐包8個

 食譜

1 罐頭玉米粒用篩子把水分瀝乾。

2 將玉米粒、蜂蜜芥末醬、美乃滋、莫札瑞拉乳酪絲和胡椒粉,倒入大碗中均勻攪拌。

洞稍微撕大一點,才能塞很多玉米粒

3 將小餐包中間撕開一個洞。

4 把餡料塞進小餐包的開口。

5 在氣炸鍋底鋪上烘焙紙,放入小餐包,以**180度**烤**10分鐘**就完成了。

美味早午餐

懷念的傳統好滋味
韓式糖餅

分量
2人份

 氣炸溫度
180度

氣炸時間
10分鐘 ──翻面── **5分鐘** ──翻面── **5分鐘**

 烘焙紙

材料

溫水1杯、韓國糖餅粉1包（酵母＋糖餅粉＋糖粉餡）、黑芝麻1匙、橄欖油1匙
└→ 可在賣場或網路購得

食譜

1
在大碗中倒入1杯溫水，加入酵母攪拌均勻。

2
加入糖餅粉和黑芝麻粒後揉成麵團。

3
麵團分切成適當大小並搓圓，用手指捏扁後包入糖粉餡再搓成圓球。

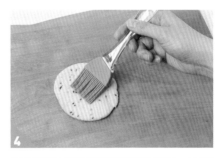
4
用擀麵棍把糖餅麵團輕輕擀平，不要擀破，並在表面刷上橄欖油。

5
在氣炸鍋底鋪上烘焙紙，放入糖餅，以**180度**烤**10分鐘**後翻面烤**5分鐘**，再翻面烤**5分鐘**就完成了。

早午餐
第**13**名

料理時間
30
分鐘

流傳400年，歷久彌新的日式點心
長崎金磚蛋糕

分量
2人份

 氣炸溫度
170度

氣炸時間
5分鐘

 烘焙紙

 材料

長崎蛋糕1條（200克）、蛋黃5顆、橄欖油少許、糖適量
糖漿材料 糖1/2杯、水1/2杯

 食譜

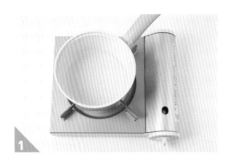
1
在湯鍋倒入**糖漿材料**並加熱，煮滾後轉中火，煮到水剩一半後關火放涼。

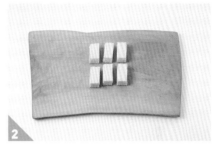
2
將長崎蛋糕切成小小的長條狀，蛋黃打散後過篩，以避免結塊。

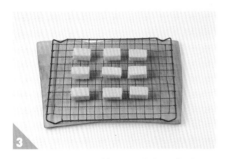
3
讓蛋糕條沾滿蛋黃液，放在網架上。

4
接著將糖漿均勻淋在蛋糕上，重複澆淋兩次。

使用噴油瓶，可以均勻噴上薄薄一層的油

5
在氣炸鍋底鋪上烘焙紙，放入蛋糕並噴一點橄欖油，以**170度**烤**5分鐘**。

6
最後撒上糖就完成了。

分量
1人份

氣炸溫度
180度

氣炸時間
7分鐘

征服味蕾，一吃就上癮！

鴉片吐司

材料

吐司1片
煉乳少許
糖少許
美乃滋適量
雞蛋1顆
鹽少許

食譜

1
在吐司均勻抹上煉乳和糖後，將美乃滋擠在吐司邊緣做出邊框。

2
在美乃滋邊框裡打蛋，並撒上鹽調味。

3
放入氣炸鍋後，以**180**度烤**7分鐘**就完成了。

分量
2人份

氣炸溫度
180度

氣炸時間
8分鐘 —翻面→ **5分鐘**

烘焙紙

早午餐
第15名

料理時間
20
分鐘

在家也能擁有咖啡廳的優雅享受
蜂蜜奶香厚片

材料

整條吐司1/3條
奶油5匙
蜂蜜2匙
糖適量

食譜

1

將1/3條的吐司斜切成兩個三角形厚片。

每面都要均勻塗抹

2

奶油加熱融化後和蜂蜜拌勻，塗滿吐司並撒上糖。

3

鋪上烘焙紙，放入步驟2的吐司塊，以180度烤8分鐘後，翻面再烤5分鐘就完成了。

一口咬下，
感受酸甜濃郁的蘋果香
小巧蘋果派

分量
3人份

 氣炸溫度
180度

 氣炸時間
15分鐘

 烘焙紙

 材料

蘋果1顆、糖1/2杯、檸檬汁2匙、肉桂粉少許、奶油1匙、吐司6片、雞蛋1顆

 食譜

蘋果洗淨削皮後去籽,切成細細的蘋果丁。

將蘋果、糖、檸檬汁、肉桂粉和奶油放入湯鍋,用小火燉煮至熟透。

吐司去邊後用擀麵棍擀平,雞蛋在碗裡打散。

把煮好的蘋果餡包進吐司,對折成三角形後在吐司邊抹上蛋液,並用叉子壓緊。

在氣炸鍋底鋪上烘焙紙,放入蘋果派,以**180度**烤**15分鐘**就完成了。

美味早午餐

PART 2

輕輕一按，
迅速出好菜！
一日三餐下飯料理

用檸檬的清新帶出魚肉的鮮美

酥炸秋刀魚

下飯料理
第1名

料理時間
30
分鐘

分量
2人份

 氣炸溫度
160度

氣炸時間
10分鐘 —翻面→ **10**分鐘

烘焙紙

 材料

水煮秋刀魚罐頭1罐（400克）、脆酥粉2杯、香芹粉少許、橄欖油少許、黃皮檸檬1/4顆

山葵沾醬材料 醬油2匙、山葵1/3匙、糖1/2匙、白醋1/2匙

 食譜

下飯料理

1 打開秋刀魚罐頭，瀝乾水分後加入脆酥粉，均勻裹上秋刀魚表面。

2 在氣炸鍋底鋪上烘焙紙，放入秋刀魚後撒上香片粉、噴一點橄欖油。

3 以**180度**烤**10分鐘**。

4 翻面再烤**10分鐘**就完成了。

5 將**山葵沾醬**材料倒入碗中，不需完全攪散。上桌時擠點檸檬汁更提味。

精選特調醃醬，兩種風味一次滿足

雙味韓式烤牛肋

下飯料理
第2名

料理時間
40
分鐘

分量
4人份

 氣炸溫度
180度

氣炸時間
鹽燒**15分鐘** ── 醬燒**15分鐘**

 烘焙紙

 材料

牛肋肉2包（800克）、洋蔥1/4顆

醬燒醃醬材料 醬油2匙、蠔油1匙、糖1.5匙、米酒1匙、清酒1匙、
梅子汁1/3匙、蒜泥1/3匙、胡椒粉少許

鹽燒醃醬材料 糖2匙、鹽1/2匙、芝麻油1匙、蒜粉1/4匙、胡椒粉少許

依喜好添加 山葵或芥末

 食譜

下飯料理

1 將所有牛肋肉切成一口大小，分半裝入2個大碗中。

2 一碗拌入**醬燒醃醬材料**，另一碗拌入**鹽燒醃醬材料**。

3 在氣炸鍋底鋪上烘焙紙，先放入鹽燒牛肋肉，以**180度**烤**15分鐘**。

4 取出後，再用同樣的方式加熱醬燒牛肋肉**15分鐘**。

搭配山葵或
芥末更好吃

5 洋蔥切細絲，泡冷水5～10分鐘去除嗆味後瀝乾，跟牛肋肉一起吃更爽口。

鮮嫩多汁超下飯！
照燒雞翅

下飯料理
第3名

料理時間
50
分鐘

分量
2人份

 氣炸溫度
180度

 氣炸時間
15分鐘 翻面 ➞ **10分鐘**

 烘焙紙

 材料

雞翅中段15支、牛奶1杯

照燒醬材料 醬油1匙、蠔油1/3匙、糖1匙、蒜泥1匙、米酒1匙、鹽少許、
胡椒粉少許

 食譜

下飯料理

1

雞翅洗淨後，浸泡在牛奶中10分鐘，
去除腥味。

2

沖水後用篩子瀝乾，正反兩面用刀斜
切劃開，幫助均勻熟透。

3

把**照燒醬材料**倒入大碗中，加入雞翅
拌勻後，靜置醃10分鐘入味。

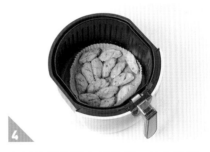

4

在氣炸鍋底鋪上烘焙紙，放入雞翅，
以**180度**烤**15分鐘**。

5

翻面後再烤**10分鐘**就完成了。

連外殼都酥脆到讓你愛不釋口

薑燒炸花蟹

下飯料理
第4名

料理時間
40
分鐘

分量
2人份

 氣炸溫度
200度

 氣炸時間
10分鐘 翻面噴油 **10分鐘**

 烘焙紙

 材料

大蒜7瓣、蔥1支、糯米椒1根、紅辣椒1根、花蟹切塊1隻（500克）、
米酒1杯、太白粉1杯、橄欖油少許+3匙

薑燒醬材料 醬油2匙、清酒1匙、糖1匙、蠔油1/2匙、薑泥1/2匙

 食譜

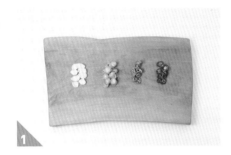

1

大蒜切薄片，蔥、糯米椒和紅辣椒切
成末。

2

把切好的花蟹塊泡米酒5～10分鐘去
腥，沖水後用篩子瀝乾。

3

剪掉蟹腳尾端，均勻裹上太白粉後放
入鋪烘焙紙的氣炸鍋，噴點橄欖油。

4

以**200度**烤**10分鐘**，翻面噴點橄欖油
再烤**10分鐘**。

5

在平底鍋倒入3匙橄欖油，轉中火爆
香蒜片、蔥末、糯米椒和紅辣椒末。

6

等香味逸出，放入**薑燒醬材料**和炸好
的花蟹翻炒拌勻就完成了。

下飯料理

鹹香中帶有鮮嫩口感
培根薯泥捲

下飯料理
第5名

料理時間
20
分鐘

 分量
2人份

 氣炸溫度
180度

 氣炸時間
10分鐘

 烘焙紙

材料

水煮馬鈴薯2顆
> 省時訣竅：包上保鮮膜，放微波爐加熱 8～9分鐘

罐頭玉米粒4匙
蜂蜜1匙
奶油2匙
胡椒粉少許
培根7條

依喜好添加
香蒜美乃滋

食譜

沾香蒜美乃滋一起吃會更美味

1 將水煮馬鈴薯削皮後壓成泥，加入玉米粒、蜂蜜、奶油、胡椒粉攪拌均勻。

2 把馬鈴薯泥捏成一團一團的橢圓小球，用培根捲起。

3 在氣炸鍋底鋪上烘焙紙，放入培根捲，以180度烤**10**分**鐘**就完成了。

分量
2人份

氣炸溫度
180度

氣炸時間
15分鐘
加蔥↓
7分鐘

烘焙紙

材料

肥腸2包（400克）
白飯2碗
大蒜8瓣
蔥1/4支
辣雞醬適量
蛋黃2顆

下飯料理
第6名

料理時間
30
分鐘

酥脆不油膩的人氣美食
蔥爆肥腸蓋飯

食譜

如果是冷凍肥腸，需要先解凍再使用

1 在氣炸鍋底鋪上烘焙紙，放入肥腸後，以**180度**烤**15分鐘**。

2 把蔥切成一口大小的蔥段後放入，再烤**7分鐘**。

3 在容器裝入白飯和肥腸，淋上辣雞醬就完成了。可依喜好加入生蛋黃拌勻。

Q彈有嚼勁的高蛋白料理

烤魷魚佐油醋醬沙拉

料理時間
20
分鐘

分量
2人份

 氣炸溫度
160度

氣炸時間
10分鐘 翻面 **5分鐘**

烘焙紙

 材料

魷魚1隻、沙拉生菜1把

醃醬材料 醬油1/2匙、洋蔥末1匙、橄欖油1/2匙

淋醬材料 醬油2匙、白醋2匙、芝麻油1匙、蔥花2匙、蒜泥1匙、
　　　　　義大利香醋1/2匙、白芝麻1匙

 食譜

下飯料理

用剪刀剪
會更方便

把魷魚的內臟清理乾淨後，沿著邊緣橫切至一半，不要整個切斷。

將**醃醬材料**混合後，均勻淋上魷魚的裡面及表面。

淋醬材料倒入碗中攪拌均勻，完成油醋醬。

在氣炸鍋底鋪上烘焙紙，放入魷魚之後，以**160度**烤**10分鐘**。翻面再繼續烤**5分鐘**。

搭配熟蔬菜
做成溫沙拉
也很不錯

將沙拉生菜和魷魚一同盛盤，再淋上油醋醬就完成了。

一道美味超乎你想像的創意料理
乳香白醬燒煎餃

分量
2人份

 氣炸溫度
180度

 氣炸時間
10分鐘

烘焙紙

 材料

橄欖油少許、水少許、冷凍水餃20顆、蔥2支
乳香白醬材料　美乃滋3匙、煉乳2匙、鹽少許、白醋1.5匙

 食譜

1

在氣炸鍋底鋪上烘焙紙，噴一點橄欖
油，放入水餃後再噴一點水。

2

以**180度**烤**10分鐘**。

3

將蔥切成蔥花。

4

把**乳香白醬**材料放入碗中拌勻。

5

將炸好的煎餃盛盤，撒上蔥花、淋上
乳香白醬就完成了。

让你白飯一碗接一碗

韓式鯖魚排

下飯料理
第9名

料理時間
40
分鐘

分量
2人份

 氣炸溫度
180度

 氣炸時間
10分鐘 → 翻面 **10分鐘** → 塗醬 160度 **10分鐘**

 烘焙紙

 材料

鯖魚排1條、白芝麻少許

辣醬材料 辣椒醬2匙、醬油2匙、米酒1匙、蔥花1匙、蒜泥1/3匙、糖1/3匙、
美乃滋1/2匙、胡椒粉少許

 食譜

1

將**辣醬材料**放入碗中拌勻。

2

在氣炸鍋底鋪上烘焙紙,放入鯖魚
排,底部放平後以**180度**烤**10分鐘**。

3

翻面後再烤**10分鐘**。

4

取出氣炸鍋內鍋,在鯖魚排上均勻塗
上辣醬。

 5

以**160度**再烤**10分鐘**,起鍋後撒上白
芝麻粒就完成了。

過程中要適
時確認有沒
有烤焦

下飯料理

062
063

在家也能享受頂級餐廳料理
奶油香烤鮑魚

| 分量 2人份 | 氣炸溫度 200度 | 氣炸時間 10分鐘 | 烘焙紙 |

材料

鮑魚4個

奶油醬材料 蒜泥1/2匙、香芹粉1/3匙、橄欖油2匙、奶油2匙、鹽少許、
胡椒粉少許

食譜

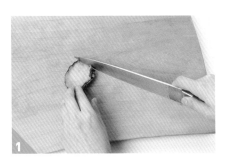

鮑魚用軟毛刷洗淨、擦乾,把肉和殼
分離,去掉黑黑黃黃的內臟和比較窄
那端的口器管。

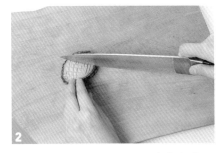

外殼洗淨晾乾備用。用刀在鮑魚上面
劃出格紋,方便入味。

把**奶油醬材料**倒入碗中,攪拌均勻後
塗在鮑魚的表面。

在氣炸鍋底鋪上2層烘焙紙,放入鮑
魚,以**200度**烤**10分鐘**,起鍋再放入
外殼裡盛盤,就完成了。

下飯料理

韓國餐廳必吃的極品肉料理

韓式辣烤五花肉

下飯料理
第11名

料理時間
30
分鐘

分量
2人份

 氣炸溫度
180度

氣炸時間
10分鐘 ──翻面── **5分鐘** ──塗醬── **5分鐘**

 烘焙紙

材料
　五花肉5條（400克）、香草鹽1/2匙 → 也可以用鮮味粉加奧勒岡粉、羅勒粉取代

辣醬材料　辣椒醬2匙、蒜泥1匙、梅子汁1匙、辣椒粉1/2匙、醬油1匙、玉米糖
　　　　　　漿1/2匙、芝麻油1/2匙

 食譜

1

把**辣醬材料**倒入碗中攪拌均勻。

2

在氣炸鍋底鋪上烘焙紙，放入五花肉
後撒上香草鹽。

3

以**180度**烤**10分鐘**後，翻面再烤**5分
鐘**。

4

在五花肉正反兩面均勻塗上辣醬。

5

再烤**5分鐘**就完成了。

塗醬後要再翻
面一次，才能
熟透不燒焦

下飯料理

下飯料理
第12名

料理時間
20
分鐘

直接送進鍋裡，
就是出色的魚料理
香酥黃魚

分量
2人份

 氣炸溫度
200度

 氣炸時間
12分鐘 ⟶ **5分鐘**
翻面

 材料

黃魚2條、橄欖油少許

 食譜

1 黃魚去除內臟後洗淨,在左右兩面劃出刀痕,幫助充分熟透。

2 在黃魚的表面均勻刷上橄欖油。

鋪上烘焙紙會讓肉質變得軟爛,並花費更多時間

3 將黃魚放入氣炸鍋,先以**200度**烤**12分鐘**。

4 翻面再烤**5分鐘**就完成了。

誰說蔬菜不能當主角！
豆瓣茄子

分量
2人份

氣炸溫度
190度

 氣炸時間
10分鐘 ─翻面─ **10**分鐘

烘焙紙

 材料

茄子1條、青椒1/2顆、紅椒1/2顆、蔥1支、大蒜1瓣、鹽少許、胡椒粉少許、
太白粉1/3杯、橄欖油少許、辣椒油2匙、芝麻油少許、白芝麻少許
豆瓣醬材料 豆瓣醬1匙、甜辣醬2匙、醬油1/2匙、蠔油1/2匙

 食譜

1

將茄子、青椒與紅椒切成一口大小，
蔥切蔥花、大蒜切薄片。

2

茄子用鹽、胡椒粉調味，等出水後再
加入太白粉均勻混合。

3

在氣炸鍋底鋪上烘焙紙，放入茄子後
噴一點橄欖油。

4

先以**190**度烤**10分鐘**，翻面後再烤**10
分鐘**。

5

平底鍋預熱後倒入辣椒油、蔥和大蒜
爆香，等香味逸出再放青椒和紅椒用
中火翻炒。

6

將**豆瓣醬**材料倒入平底鍋煮一下，放
入炸茄子輕輕拌炒，最後加點芝麻油
和白芝麻粒就完成了。

料理時間
30
分鐘

分量
2人份

氣炸溫度
180度

氣炸時間
10分鐘
翻面
10分鐘

耐熱容器

香嫩綿密，滿足你的胃
韓式蒸蛋

材料

蔥花2匙＋少許
雞蛋2顆（200克）
紅蘿蔔丁2匙
鹽少許
胡椒粉少許
水1杯

食譜

1
預留少許蔥花，把其他所有
材料放入大碗中拌勻。

2
將蛋液裝滿耐熱容器的
2/3，放入氣炸鍋，以**180度**
烤**10分鐘**。

最後撒上少
許蔥花，看
起來更可口

3
攪拌均勻後，再烤**10分鐘**
就完成了。

分量
6人份

氣炸溫度
180度

氣炸時間
5分鐘

烘焙紙

下飯料理
第**15**名

料理時間
10
分鐘

香氣四溢、
酥脆好吃
鹽燒海苔

材料

生海苔適量
芝麻油少許
鹽少許

食譜

加熱比較輕的食材，要小心別讓烘焙紙烤焦

如果要大量料理可以把海苔立著放，熱氣會流進空隙平均加熱

1 在原味生海苔的一面抹上芝麻油後，撒點鹽調味。

2 將海苔剪成6等分。

3 氣炸鍋底鋪上烘焙紙，以**180度烤5分鐘**就完成了。

072

清脆爽口！
3道醃漬小菜

發酵過的醃漬菜，富含一般蔬菜所沒有的營養素。
這裡介紹醃洋蔥、醋漬黃瓜和醃蘿蔔，保證大人小孩都會愛上！

洋蔥6顆
糯米椒6根

醃漬材料
醬油2杯
白醋2杯
糖2杯
水4杯

讓人驚呼連連
的清爽口感
醃洋蔥

1 玻璃容器先用熱水殺菌消毒。

2 洋蔥切成小片方形、糯米椒切小段。

3 把**醃漬材料**放入湯鍋煮滾。

4 在容器內疊上一層洋蔥、一層糯米椒，疊滿後倒入煮滾的醃漬醋水，在常溫下熟成1～2小時，再放冷藏。

炎炎夏日裡，沁涼又開胃
醋漬黃瓜

小黃瓜3條
高麗菜1/4顆
紅椒1顆
黃椒1顆

醃漬材料
白醋1杯
糖1杯
水2杯
鹽少許

1 所有蔬菜材料切成一口大小。
2 把**醃漬材料**放入湯鍋，煮滾後等糖融化關火。
3 將蔬菜放入熱水消毒過的玻璃容器，倒入醃漬醋水就完成了。

下飯料理

不只是炸雞絕配，
配什麼都好吃
醃蘿蔔

白蘿蔔1/2根

醃漬材料
水1杯
糖2又1/3杯
白醋3杯
鹽少許

1 玻璃容器先用熱水殺菌消毒。
2 白蘿蔔削皮後，切成方形的小丁。
3 把**醃漬材料**放入湯鍋煮滾。
4 將白蘿蔔放入熱水消毒過的玻璃容器，倒入煮滾的醃漬醋水，冷卻後蓋上蓋子就完成了。

PART 3

低卡少油，
拯救完美曲線！
高纖養顏料理

第1名 椒鹽地瓜薯條

第2名 香草綠花椰

第3名 時蔬溫沙拉

第4名 鬆軟夯番薯

第5名 香烤南瓜片

第6名 氣炸甜栗子

第7名 高纖地瓜乾

第8名 抗氧番茄乾

第9名 美白檸檬片

第10名 低卡馬鈴薯片

第11名 鍋粑脆餅

第12名 黃金蒜片

咔滋咔滋的酥脆口感

椒鹽地瓜薯條

分量
2人份

 氣炸溫度
180度

 氣炸時間
5分鐘 翻面 **5分鐘×3**

烘焙紙

 材料

地瓜2條、鹽少許、胡椒粉少許、橄欖油適量

食譜

高纖料理

1
地瓜洗淨去皮後,切成寬度0.3公分的細條。

2
將地瓜條泡在冷水中30分鐘,去除表面澱粉,再用篩子瀝乾。

3
瀝乾後放入微波爐加熱2～3分鐘,完全去除水分。

4
鋪上烘焙紙,放入地瓜後再撒上鹽、胡椒粉調味,並噴一點橄欖油。

放久了口感會變軟,建議在1～2天內吃完

5
以**180度**烤**5分鐘**後,翻面再烤**5分鐘**,並重複**3次**。

高纖料理
第2名

料理時間
20
分鐘

減肥菜單的第一名食材！
香草綠花椰

分量
2人份

 氣炸溫度
150度

 氣炸時間
10分鐘

烘焙紙

 材料

綠花椰菜1顆（350克）、橄欖油1匙、香草鹽1/3匙

⌐也可以用鮮味粉加奧勒岡粉取代

 食譜

綠花椰菜表面要
保留一點水分，
才不會烤得過硬

1 綠花椰菜洗淨後，削掉太粗的纖維，並切成一口大小。

2 在氣炸鍋底鋪上烘焙紙，先噴入半匙左右的橄欖油。

3 放入綠花椰菜後再噴約半匙橄欖油，以**150度**烤**10分鐘**。

4 烤好後撒上一點香草鹽，攪拌均勻就完成了。

高纖料理

給你熱量極低的滿滿飽足感
時蔬溫沙拉

高纖料理
第3名

料理時間
30
分鐘

分量
3人份

 氣炸溫度
190度

 氣炸時間
15分鐘 —翻面— **10分鐘**

 烘焙紙

材料

小番茄8顆、大蒜6瓣、小甜椒3顆、杏鮑菇2朵、櫛瓜1/4條

調味材料 鹽少許、胡椒粉少許、橄欖油1.5匙

依喜好添加 芽苗菜適量、義大利香醋膏少許

食譜

不需要切成同樣
形狀，這樣口感
更多變

也可以自由添加
茄子、香菇、洋
蔥等食材

1

小番茄和大蒜洗淨、去蒂，小甜椒洗
淨、去籽，和杏鮑菇、櫛瓜都切成一
口大小。

2

將**步驟1**處理好的食材放入乾淨塑膠
袋裡，和**調味材料**混合均勻。

3

在氣炸鍋底鋪上烘焙紙，放入調味過
的食材，以**190度**烤**15分鐘**，翻面後
再烤**10分鐘**。

4

將烤好的蔬菜盛盤，擺上芽苗菜並淋
上義大利香醋膏就完成了。

熱騰騰的綿密香甜
鬆軟夯番薯

分量
2人份

氣炸溫度
200度

氣炸時間
20分鐘
翻面
10分鐘

烘焙紙

高纖料理
第**4**名

料理時間
35
分鐘

材料

地瓜4條

食譜

較大的地瓜可以對半切開，比較快熟

筷子可以輕鬆戳進去時，表示已經熟了

1 仔細把地瓜表皮搓洗乾淨。

2 在氣炸鍋底鋪上烘焙紙，以**200**度烤**20**分鐘。

3 翻面後，再烤**10**分鐘就完成了。

分量
2人份

氣炸溫度
180度

氣炸時間
10分鐘
翻面
10分鐘

烘焙紙

材料

南瓜1/3顆
鹽少許
胡椒粉少許

自然清甜，營養豐富
香烤南瓜片

高纖料理
第5名

料理時間
30
分鐘

食譜

1 南瓜對半切開、挖掉裡面的籽之後，切成寬1.5公分的薄片。

2 氣炸鍋底鋪上烘焙紙，放入南瓜以**180度**烤**10分鐘**，翻面再烤**10分鐘**。

3 撒上鹽和胡椒粉調味，就完成了。

高纖料理
第6名

料理時間
50
分鐘

分量
2人份

氣炸溫度
200度

氣炸時間
20分鐘
翻面
10分鐘

烘焙紙

好吃又好剝
氣炸甜栗子

材料
栗子400克

食譜

栗子帶殼直接
烤會爆開，要
先用刀劃開

1 將栗子洗淨並泡水15分鐘後，用廚房紙巾擦乾水分。

2 用刀劃開栗子，放入鋪上烘焙紙的氣炸鍋，以**200度**烤**20分鐘**。

3 將全部栗子翻面後再烤**10分鐘**就完成了。

分量
2人份

氣炸溫度
140度

氣炸時間
15分鐘
翻面
10分鐘×4

烘焙紙

厚度會影響烤的時間，從中間剝開沒有纖維感就表示熟透了

材料

小地瓜4條

一起抵抗嘴饞的健康零嘴
高纖地瓜乾

高纖料理
第7名

料理時間
60
分鐘

食譜

1
地瓜洗淨放入大碗、包上保鮮膜後，用微波爐加熱7分鐘。

2
地瓜削皮後切成手指粗的條狀，放進鋪上烘焙紙的氣炸鍋，儘量不要交疊。

完全熟透會更香甜

3
以**140度**烤**15分鐘**後，翻面再烤**10分鐘**，並重複此動作**4次**。

料理時間
70
分鐘

分量
2人份

氣炸溫度
150度

氣炸時間
30分鐘
翻面
30分鐘

烘焙紙

對抗老化的祕密武器
抗氧番茄乾

材料

小番茄1包（350克）
橄欖油3匙
羅勒粉1匙
迷迭香或百里香1支
└ 可依喜好自由選擇
胡椒粉少許

依喜好添加
橄欖油適量
大蒜2瓣

食譜

可以自由選擇
要不要去籽

看乾燥狀況調整
烘烤時間，完成
後可跟蒜片一起
泡入橄欖油保存

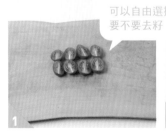

1

小番茄洗淨、去蒂後，對半切開。

2

把小番茄、橄欖油、羅勒粉、迷迭香或百里香、胡椒粉倒入大碗拌匀。

3

將步驟2放入氣炸鍋、不重疊，以**150度**烤**30分鐘**後翻面再烤**30分鐘**就完成了。

分量
6人份

氣炸溫度
80度

氣炸時間
10分鐘
翻面
10分鐘×3

輕鬆幫你養成喝水習慣
美白檸檬片

高纖料理

高纖料理
第9名

料理時間
60
分鐘

檸檬片可以泡成
茶或飲料,非常
方便

材料

黃皮檸檬2顆
小蘇打粉1匙

食譜

一直反覆烤到
檸檬片完全沒
有水分即可

1 檸檬先沖過,抹上小蘇打
粉搓洗後,再沖洗乾淨。

2 將檸檬切成寬0.3公分的檸
檬片,去掉籽。

3 放入氣炸鍋裡,不要重疊,
以80度烤**10分鐘**。翻面再
烤**10分鐘**,並重複**3次**。

少了熱量，卻一樣美味
低卡馬鈴薯片

分量
2人份

 氣炸溫度
170度

 氣炸時間
25分鐘

烘焙紙

 材料

馬鈴薯2顆、橄欖油1匙、鹽少許、胡椒粉少許

 食譜

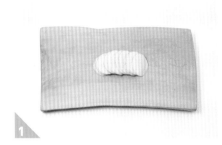

1

馬鈴薯洗淨後削去外皮，用切片器切成薄片。

去掉表面
澱粉會更
酥脆

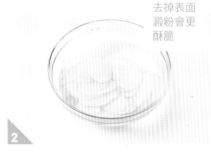

2

馬鈴薯片浸泡冷水20分鐘，去掉表面的澱粉。

高纖料理

3

將馬鈴薯片取出後放在廚房紙巾上，完全吸乾水分。

4

將馬鈴薯、橄欖油、鹽和胡椒粉倒入乾淨塑膠袋裡，搖晃混合均勻。

每7～10分鐘
翻面再繼續烤

5

在氣炸鍋底鋪上烘焙紙，放入步驟4的材料以**170度**烤**25分鐘**就完成了。

高纖料理
第11名

料理時間
30
分鐘

分量
2人份

氣炸溫度
180度

氣炸時間
15分鐘
翻面
10分鐘

烘焙紙

香脆零脂肪！
鍋粑脆餅

材料

白飯1碗

厚度會影響烤的時間，
如果烤完還是白的可以
再烤10分鐘

食譜

將薄薄的一層白飯平舖在烘焙紙上，放入氣炸鍋裡。

以**180度**烤**15分鐘**，翻面後再烤**10分鐘**。

靜置放涼後，剝成一口大小就完成了。

高纖料理
第12名

料理時間
50
分鐘

 分量
2人份

 氣炸溫度
140度

氣炸時間
10分鐘
翻面
12分鐘

烘焙紙

適合當成減肥餅乾，也可以撒在沙拉、牛排、披薩上入菜

 材料

大蒜100克

入菜、當零食都涮嘴
黃金蒜片

 食譜

過程中可以換水，去除苦味

1 大蒜切片後，泡冷水20分鐘以上。

2 瀝乾後用廚房紙巾擦乾水分，將蒜片放進鋪好烘焙紙的氣炸鍋，不要重疊。

3 以**140度**烤**10分鐘**，翻面後再烤**12分鐘**，放涼就完成了。

PART 4

三五好友

揪起來！

歡樂派對料理

電影《雞不可失》的好味道！
水原排骨炸雞

分量
3人份

 氣炸溫度
180度

 氣炸時間
20分鐘 ── 翻面 ── **20分鐘**

 烘焙紙

 材料

雞腿9支、洋蔥1/3顆、糯米椒2根、紅辣椒1根

醃醬材料　米酒2匙、鹽1/2匙、橄欖油2匙、薑粉少許、胡椒粉少許

調味醬材料　醬油8匙、糖2匙、辣椒粉1/2匙、玉米糖漿2匙、芝麻油1匙、
　　　　　　可樂7匙、胡椒粉1/6匙、白芝麻1/2匙
　　　　　　‧加入可樂能夠呈現明顯醬色、增添甜味，沒氣的可樂也可以

 食譜

1 用刀在雞腿上劃幾道比較深的刀痕，加入**醃醬材料**拌勻靜置10分鐘。

2 將洋蔥、糯米椒和紅辣椒切丁。

3 把**調味醬材料**倒入湯鍋，開中火煮6～7分鐘後，放入洋蔥、糯米椒與紅辣椒丁，轉小火再煮2分鐘至煮滾。

4 在氣炸鍋底鋪上烘焙紙，放入醃好的雞腿，以**180度**烤**20分鐘**後翻面再烤**20分鐘**。

調味醬也可以
在步驟4倒入

5 將烤好的雞腿起鍋，最後淋上調味醬攪拌均勻就完成了。

南瓜清甜和起司鴨鹹香同時綻放！
南瓜起司煙燻鴨

派對料理
第2名

料理時間
40
分鐘

分量
4人份

 氣炸溫度
180度

 氣炸時間
10分鐘 ─裝入南瓜→ **10分鐘** ─撒上起司→ **5分鐘**

 烘焙紙

 材料

南瓜1顆、煙燻鴨肉1包（500克）、大蒜15瓣、蠔油2匙、胡椒粉少許、玉米糖漿2匙、莫札瑞拉乳酪絲1包

食譜

南瓜洗淨後，放入耐熱袋用微波爐加熱5分鐘，在頂端切出六角形的洞並挖掉籽，南瓜頂蓋留著備用。

在氣炸鍋底鋪上2張烘焙紙，放入煙燻鴨肉和大蒜，以**180度**烤**10分鐘**後把逼出來的油倒掉，並加入蠔油、胡椒粉拌勻。

要把南瓜蓋子蓋回去，鴨肉才不會變柴

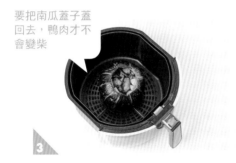

在南瓜裡面塗上玉米糖漿，塞入鴨肉並蓋上南瓜蓋，放在氣炸鍋以**180度**烤**10分鐘**。

打開南瓜的蓋子後，撒上莫札瑞拉乳酪絲。

再以**180度**烤**5分鐘**，讓起司融化就完成了。

派對料理

上桌秒殺的絕佳風味！
奶油蒜香烤蝦

派對料理
第3名

料理時間
30
分鐘

分量
2人份

 氣炸溫度
180度

 氣炸時間
5分鐘 ──放大蒜→ 10分鐘

 烘焙紙

 材料

大蒜3瓣、大蝦或中蝦15～20隻、奶油3匙、香芹粉少許
依喜好添加　醬汁（海鮮醬、塔塔醬、醋辣醬等）

 食譜

1

將大蒜切成薄片。

2

蝦子剪去長鬚，用牙籤戳入蝦背的第
二節，挑出腸泥。

3

在氣炸鍋底鋪上烘焙紙，先放入蝦子
再放奶油，以**180度**烤**5分鐘**。

搭配海鮮醬、
塔塔醬、醋辣
醬更好吃

4

加入大蒜片後，再以**180度**烤**10分
鐘**，最後撒上香芹粉就完成了。

派對料理

說到派對，怎麼能少了它！
吮指烤全雞

派對料理
第4名

料理時間
60
分鐘

分量
3人份

 氣炸溫度
180度

氣炸時間
20分鐘 ━━翻面━━ **10分鐘** ━━放薯條━━ **15分鐘**

 烘焙紙

 材料

處理過的雞1隻（800克～1公斤）、小顆紫洋蔥2顆、黃皮檸檬1顆、奶油3匙、橄欖油1匙、香草鹽1匙、冷凍薯條適量、蔥1支

└─ 也可以用鮮味粉加奧勒岡粉取代

 食譜

將整隻雞裡外洗淨，紫洋蔥對半切開，黃皮檸檬切4等分。

把2匙奶油、橄欖油和香草鹽各1匙倒入碗中拌勻。

用叉子戳入雞皮幫助入味，並在整隻雞表面抹上步驟2的香草奶油。

在氣炸鍋底鋪上烘焙紙，以**180度**烤**20分鐘**。

翻面烤**10分鐘**後再翻面，塗上1匙奶油，並放入冷凍薯條、蔥、紫洋蔥和檸檬片。

雞的大小會影響烤的時間，一定要烤到全熟

烤**15分鐘**，等薯條表面稍微焦黃就完成了。

派對料理

人手一支，開嗑啦！

味噌豬肋排

派對料理
第5名

料理時間
60
分鐘

材料

豬肋排2大塊（1公斤）、韓式味噌1匙、米酒1/3杯
醃醬材料　鮮味粉2/3匙、橄欖油3匙、蒜泥2匙、胡椒粉少許
依喜好添加　美乃滋或芥末

派對料理

 食譜

1

將豬肋排骨頭內側的整片筋膜劃開後
撕除，幫助入味。從肋骨之間切開成
塊，泡冷水1小時去除血水。

2

豬肋排放入湯鍋，加水蓋過肋排，開
火並倒入韓式味噌和米酒。汆燙20分
鐘後撈起放入碗中。

3

汆燙過的豬肋排加入**醃醬材料**攪拌均
勻並靜置10分鐘，放入鋪好烘焙紙的
氣炸鍋。

搭配美乃滋或
芥末更好吃

4

以**200度**烤**10分鐘**後，翻面再烤**10分
鐘**就完成了。

在家做出五星級大餐！
法式鮭魚排

派對料理
第6名

料理時間
30
分鐘

分量
2人份

 氣炸溫度
180度

氣炸時間
15分鐘 ⟶ **7~8**分鐘
翻面

 烘焙紙

 材料

洋蔥1/2顆、黃皮檸檬1/2顆、鮭魚排2片、鹽1/2匙、胡椒粉少許

依喜好添加 山葵醬或塔塔醬

 食譜

1

半顆洋蔥橫切成洋蔥圈,半顆檸檬均切成3等分。

檸檬汁可以去腥,並讓鮭魚肉變得結實、不容易散開

2

鮭魚排用鹽、胡椒粉調味後,用其中1瓣檸檬擠出檸檬汁。

3

在氣炸鍋底鋪上烘焙紙,先放洋蔥圈再放鮭魚排,以**180**度烤**15**分鐘。

搭配烤彩椒或蘆筍一起吃也很美味

4

翻面再烤**7~8分鐘**後,搭配檸檬、山葵醬或塔塔醬就完成了。

派對料理

值得跟朋友分享的滑嫩Q彈
香辣紅燒海鰻

分量	氣炸溫度	氣炸時間	烘焙紙
2人份	200度	10分鐘 → 10分鐘 翻面	

材料

處理過的海鰻2條（800克）、洋蔥1/2顆、蔥1支、薑1段

醃醬材料　醬油1匙、芝麻油2匙、胡椒粉少許、米酒1匙

調味醬材料　醬油2匙、辣椒醬1匙、蒜泥1匙、辣椒粉2匙、
　　　　　　玉米糖漿4匙、米酒2匙、芝麻油2匙、水1/2杯

如果是買新鮮鰻魚，請先在表面抹麵粉並用刀刮除黏液，接著淋熱水再用冷水洗淨，以去除土腥味

食譜

派對料理

1 將每條鰻魚切成2～3等分，加入**醃醬材料**醃10分鐘。

2 將**調味醬材料**倒入平底鍋，用中火煮到水分剩一半。

3 洋蔥、蔥、薑段切絲，分別泡冷水保留清脆口感，再用篩子瀝乾。

4 在氣炸鍋底鋪上烘焙紙，放入醃好的鰻魚片，以**200度**烤**10分鐘**。

5 每面鰻魚都均勻塗上調味醬，再烤**10分鐘**。

6 將洋蔥絲和蔥絲鋪在盤子上，最後放上烤鰻魚和生薑絲就完成了。

超滿足的牽絲療癒口感
地瓜起司球

分量
2人份

 氣炸溫度
190度

氣炸時間
10分鐘

 烘焙紙

 材料

泡麵1包、蝦子10隻、泡麵調味包1/3匙、脆酥粉1/3杯、橄欖油少許
沾醬材料 青辣椒1根、美乃滋1匙、糖1/2匙、泡麵調味包1/3匙

 食譜

用牙籤戳入蝦背的第二節，挑出腸泥

1 蝦子剪去長鬚、剝掉殼並保留頭尾，從肚子內側劃一刀，切斷蝦筋。

2 將泡麵放入熱水4分鐘泡開之後，用冷水沖過。

3 青辣椒切末，並和其他**沾醬材料**一起拌勻做成沾醬。

4 將泡麵調味包和脆酥粉混合成麵衣，蝦子均勻裹上麵衣後，用泡麵纏繞。

5 在氣炸鍋底鋪上烘焙紙，放入蝦子並噴一點橄欖油，以**190度**烤**10分鐘**就完成了。搭配沾醬更好吃。

吃過你一定會愛死它！
西班牙香蒜辣蝦

分量
2人份

氣炸溫度
200度

氣炸時間
10分鐘

耐熱容器

派對料理
第11名

料理時間
15
分鐘

材料

冷凍蝦仁20隻
鹽少許
胡椒粉少許
大蒜6瓣
義大利辣椒5根
去籽黑橄欖5顆
橄欖油1.5杯
法國麵包片適量

食譜

其餘的橄欖油
可以加入水煮
義大利麵一起
享用

1
冷凍蝦仁沖冷水解凍，放在
廚房紙巾上擦乾水分，撒上
鹽和胡椒粉調味。

2
大蒜切片，將大蒜、義大利
辣椒、橄欖和調味蝦仁放入
耐熱容器，倒入橄欖油。

3
以**200度**烤**10分鐘**後就完成
了。搭配法國麵包片一起吃
更道地。

分量
2人份

氣炸溫度
180度

氣炸時間
15分鐘
170
度↓
10分鐘

烘焙紙

材料

橄欖油2匙
羊肋排1包（500克）
鹽1/2匙
胡椒粉少許
香草粉適量
羊肉調味粉適量
└ 用孜然、辣椒、鹽、胡
　椒、芝麻做成的調味
　粉，可以去除羊羶味。

派對料理
第12名

料理時間
30
分鐘

軟嫩多汁的澎派宴客菜
迷迭香烤羊排

食譜

1

將橄欖油均勻塗在羊肋排
上，撒上鹽、胡椒粉、香
草粉靜置入味。

2

在氣炸鍋底鋪上烘焙紙，
放入羊肋排以**180度**烤**15**
分鐘。

3

翻面再以**170度**烤**10**分
鐘，最後撒上羊肉調味粉
就完成了。

歡樂開趴必備的超人氣料理
韓式蔥絲炸雞

派對料理
第13名

料理時間
30
分鐘

分量
2人份

 氣炸溫度
180度

氣炸時間
10分鐘 塗醬 **5分鐘**

烘焙紙

 材料

結球萵苣1/3顆、洋蔥1/4顆、青辣椒1根、紅辣椒1根、冷凍雞柳條5條、
橄欖油少許、蔥絲1杯

淋醬材料 醬油1/4杯、水1/4杯、白醋2匙、糖2匙、蒜泥1/2匙、辣油1/2匙

↳ 怕辣可以不加

 食譜

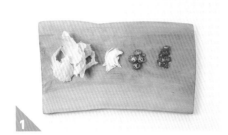

1 結球萵苣葉洗淨並撕成一口大小，洋
蔥切絲後泡冷水去除嗆味，青辣椒和
紅辣椒切末。

2 在氣炸鍋底鋪上烘焙紙，放入冷凍雞
柳條並噴一點橄欖油，以**180度烤10
分鐘**。

3 翻面再烤**5分鐘**，把烤好的雞柳條切成
一口大小。

4 **淋醬材料**倒入大碗拌勻，加入青辣椒
和紅辣椒。

5 把萵苣葉鋪在盤子上，放入炸雞柳
塊、蔥絲，再淋上醬汁就完成了。

清甜蛤蜊×鮮美干貝，抓住你的味蕾

紙包海鮮雙拼

分量
3人份

 氣炸溫度
200度

 氣炸時間
20分鐘

 烘焙紙

 材料

干貝10顆、蛤蜊200克、蘆筍3條、黃皮檸檬1/4顆、鹽少許、胡椒粉少許、
小番茄5顆、奶油1匙、白酒2匙、香草（迷迭香或百里香）少許

 食譜

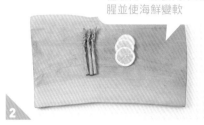

檸檬可以用橘子或柳
橙取代，主要用來去
腥並使海鮮變軟

派對料理

1 生干貝洗清雜質後，橫切成二片薄
片。蛤蜊泡鹽水吐沙。

2 蘆筍洗淨、切掉根部，檸檬切片。

也可以用清
酒取代白酒

3 將干貝片放入碗中，加鹽和胡椒粉拌
勻調味。

4 把烘焙紙鋪平後塗一層奶油，放入干
貝、蛤蜊、蘆筍、小番茄和香草後淋
上白酒。

5 將整張烘焙紙對折，邊緣捲起來密封
後放入氣炸鍋，以**200度**烤**20分鐘**就
完成了。

絕對不容錯過的人生美味
韓式乾烹餃子

派對料理
第15名

料理時間
30
分鐘

分量 **2人份** | 氣炸溫度 **200度** | 氣炸時間 **15分鐘** | 烘焙紙

 材料

冷凍水餃10粒、蔥1支、青辣椒1根、紅辣椒1根、橄欖油少許、蒜泥1/2匙
淋醬材料 醬油2匙、玉米糖漿1匙、白醋1匙、米酒1匙、糖1匙、胡椒粉少許

 食譜

1 在氣炸鍋底鋪上烘焙紙,放入冷凍水餃,以**200度**烤**15分鐘**。

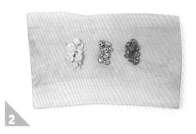

2 將蔥、青辣椒和紅辣椒切末。

3 將**淋醬材料**放入碗中拌勻。

想吃更辣可以把橄欖油換成辣油

4 平底鍋預熱後轉中火,倒點橄欖油,加入蒜泥、蔥、青辣椒和紅辣椒末,翻炒到香氣逸出,再倒入醬汁煮滾。

5 等沾醬煮滾之後,倒入煎餃拌勻就完成了。

派對料理

輕鬆享受義大利料理

義式焗燒餃子

派對料理
第16名

料理時間
30
分鐘

分量
2人份

氣炸溫度
180度

氣炸時間
10分鐘 放洋蔥等 → 170度 **7分鐘**

烘焙紙
耐熱容器

材料

冷凍水餃12粒、橄欖油2匙、洋蔥1/2顆、番茄醬5匙、美乃滋4匙、莫札瑞拉乳酪絲1.5包

食譜

派對料理

1

將冷凍水餃和橄欖油放入乾淨塑膠袋,搖晃均勻。

2

洋蔥切丁,跟番茄醬一起攪拌均勻。

3

在氣炸鍋底鋪上烘焙紙,把水餃放一圈,以**180度**烤**10分鐘**。

4

將烤好的水餃裝入耐熱容器中,淋上拌了洋蔥的番茄醬和美乃滋,再撒上莫札瑞拉乳酪絲。

5

將耐熱容器放入氣炸鍋,以**170度**再烤**7分鐘**。

可以依照個人喜好選擇不同口味的水餃,也可以用義大利麵醬取代番茄醬

去油解膩！
3道輕漬小菜

一場完美的派對除了大魚大肉，當然也少不了小菜的點綴。
下面推薦輕漬洋蔥、萵苣和菠菜，讓你的客人擁有難忘的美好時光！

讓人食欲大開、口水狂流
輕漬辣洋蔥

洋蔥2顆
白芝麻1匙

拌醬材料
醬油1.5匙
辣椒粉1.5匙
梅子汁1匙
芝麻油1匙

1 洋蔥切細絲，泡冰水去除嗆味。

2 洋蔥絲和**拌醬材料**放入大碗中均勻攪拌。

3 最後撒上芝麻粒就完成了。

醬汁拌著吃、沾著吃都好吃！

輕漬萵苣

紅橡葉萵苣2把
（100克）

拌醬材料
醬油1匙
辣椒粉1.5匙
蒜泥1/3匙
蔥末1匙
糖1/2匙
紫蘇油1匙
鹽少許
白芝麻少許

1 切掉萵苣根部、葉子洗
　淨，用篩子瀝乾。
2 將萵苣葉用手撕成一口
　大小。
3 將**拌醬材料**倒入大碗中
　均勻攪拌。
4 放入萵苣葉拌勻就完成
　了。醬汁也可以裝小碟
　沾著吃。

派對料理

你沒看過的生菜新選擇

輕漬菠菜

菠菜1/2把
（150克）

拌醬材料
辣椒粉2匙
醬油1匙
韓國魚露1匙
糖1/2匙
芝麻油1匙
白芝麻少許

1 切掉菠菜根部、葉子
　洗淨，用篩子瀝乾。
2 將**拌醬材料**倒入大碗
　中均勻攪拌。
3 放入菠菜葉拌勻就完
　成了。

PART 5

一個人獨酌
也好過癮！
下酒菜料理

让你大快朵颐、百吃不腻！

香草烤雞

分量 **2人份** | 氣炸溫度 **200度** | 氣炸時間 **20分鐘** ⟶ 翻面 **20分鐘** | 烘焙紙

 材料

全雞切塊1隻（1公斤）、牛奶2杯、迷迭香1支

醃醬材料 香草鹽1匙、羅勒粉取代、橄欖油4匙、胡椒粉少許
└ 也可以用鮮味粉加奧勒岡粉取代

下酒菜料理

 食譜

1

切塊雞肉用水沖過後浸泡在牛奶中，加水蓋過雞肉，泡15分鐘去腥。

較厚的肉塊用刀劃開，幫助均勻熟透

2

沖水後用篩子瀝乾，跟**醃醬材料**一起放入大碗拌勻，靜置30分鐘入味。

3

在氣炸鍋底鋪上烘焙紙，放入醃好的雞肉，以**200度**烤**20分鐘**。

4

翻面再烤**20分鐘**就完成了。

分量
2人份

氣炸溫度
180度

氣炸時間
10分鐘
翻面
12分鐘

烘焙紙

烤出鮮美、香甜的好滋味
味噌烤五花

材料

豬五花肉5片
（400克）

醃醬材料
韓式味噌2匙
水2匙
醬油1/3匙
米酒1/2匙
玉米糖漿1匙
糖1/2匙

食譜

如果喜歡酥
脆口感，翻
面後可以多
烤5分鐘

1

將**醃醬材料**倒入碗中混合，
抹在五花肉片上靜置10分
鐘入味。

2

在氣炸鍋底鋪上烘焙紙，放
入五花肉，再以**180度烤10
分鐘**。

3

翻面再烤**12分鐘**。

分量
2人份

氣炸溫度
180度

氣炸時間
10分鐘

耐熱容器

材料

罐頭玉米粒1罐
（340克）
美乃滋5匙
糖2匙
鹽少許
胡椒粉少許
莫札瑞拉乳酪絲1杯
香芹粉少許

下酒菜料理
第3名

料理時間
15
分鐘

玉米可不是只能當配角
起司玉米燒

食譜

1
將玉米粒、美乃滋、糖、鹽
和胡椒粉倒入容器混合，
撒上莫札瑞拉乳酪絲。

2
將容器放進氣炸鍋裡，以
180度烤10分鐘。

3
撒上香芹粉就完成了。

居酒屋必點料理
唐揚豆腐

下酒菜料理
第4名

料理時間
30
分鐘

分量
4人份

 氣炸溫度
180度

 氣炸時間
10分鐘 ———翻面——— **10**分鐘

 烘焙紙

 材料

板豆腐1盒（300克）、玉米粉1/2杯、橄欖油少許、白蘿蔔泥2匙、
日式醬油3匙、蔥1支、柴魚片1/2杯
　　　　　　　　　　　　　　　└→ 用磨泥器將白蘿蔔磨成泥後
　　　　　　　　　　　　　　　　　擠出水分
依喜好添加　山葵

 食譜

用廚房紙巾或棉布把板豆腐的水分完全吸乾。

將板豆腐切成6等分，每一面都均勻撒上玉米粉。

在氣炸鍋底鋪上烘焙紙，放入豆腐，均勻噴一點橄欖油。

以**180度**烤**10分鐘**後，再翻面烤**10分鐘**。

將豆腐盛盤，放上白蘿蔔泥並淋上日式醬油。

可以依個人喜好放入山葵更美味

將蔥切末，跟柴魚片一起撒上豆腐就完成了。

想吃肉又不用擔心油膩膩

韓式五花燒肉

下酒菜料理
第5名

料理時間
60
分鐘

分量
4人份

 氣炸溫度
200度

氣炸時間
20分鐘 ——翻面—→ **15分鐘** ——放大蒜—→ **15分鐘**

 烘焙紙

 材料

五花肉2條（1公斤）、香草鹽1匙、大蒜10瓣
↳ 也可以用鮮味粉加奧勒岡粉、羅勒粉取代

 食譜

1 用刀在汆燙過的五花肉表面斜切出十字花紋，幫助入味及熟透。

2 在肉的每一面均勻撒上香草鹽。

3 在氣炸鍋底鋪上烘焙紙，放入五花肉，以**200度**烤**20分鐘**。

4 翻面再烤**15分鐘**。

5 再次翻面並放入大蒜，繼續烤**15分鐘**。

搭配155頁的涼拌韭菜非常對味

6 放涼之後把每五化肉條切成一口大小就完成了。

來杯啤酒最對味！
奶油魷魚

分量
3人份

 氣炸溫度
160度

 氣炸時間
10分鐘 翻面 **5分鐘**

烘焙紙

 材料

魷魚2隻、奶油4匙、糖3匙、香芹粉少許、鹽少許、胡椒粉少許

 食譜

用刀劃開再烤，較不會蜷縮變形

1 將魷魚的內臟清理乾淨之後，從中間剪開攤平，兩邊各劃兩排長2公分的切口。

奶油要先放置於室溫下軟化

2 將奶油、糖和香芹粉一起倒入碗中均勻混合。

3 在魷魚的正反兩面塗上步驟2的調味奶油，再撒上鹽和胡椒粉。

4 在氣炸鍋底鋪上烘焙紙，放入魷魚，以**160度**烤**10分鐘**。翻面再烤**5分鐘**就完成了。

下酒菜料理

下酒菜料理
第7名

料理時間
15
分鐘

分量
2人份

氣炸溫度
190度

氣炸時間
5分鐘

烘焙紙

特殊風味下酒菜
氣炸帶魚乾

材料

白帶魚乾2把
橄欖油1/2匙

沾醬材料
美乃滋2匙
醬油1/2匙
山葵1/2匙
花生碎1/2匙

食譜

1 白帶魚乾放入碗中,加入橄欖油輕輕攪拌混合。

2 在氣炸鍋底鋪上烘焙紙,放入帶魚乾,以**190度烤5分鐘**後放涼。

3 將**沾醬材料**放入醬碟中拌勻,和白帶魚乾一起上桌就完成了。

分量
4人份

氣炸溫度
180度

氣炸時間
7分鐘
翻面
5分鐘

烘焙紙
竹籤

材料

金針菇1/2包
小番茄6顆
培根12條
鵪鶉蛋3顆

依喜好添加
照燒醬少許

想吃什麼，就包什麼
培根創意捲

下酒菜料理
第8名

料理時間
30
分鐘

食譜

沾照燒醬
超好吃

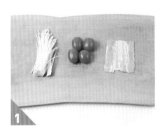
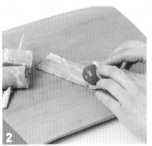

1 金針菇切掉根部、小番茄去掉蒂頭，培根片對半切成兩段。

2 將金針菇、小番茄和鵪鶉蛋放在培根片上捲起來，插上竹籤固定。

3 氣炸鍋鋪上烘焙紙，放入培根串以**180度**烤**7分鐘**，再翻面烤**5分鐘**就完成了。

口感彈牙、齒頰留香

豬腳佐溫沙拉

下酒菜料理
第9名

料理時間
30
分鐘

分量
2人份

 氣炸溫度
180度

氣炸時間
8分鐘 ——→ **5分鐘**
放蔬菜

烘焙紙

 材料

菊苣1把、韭菜1把、蘑菇2朵、金針菇1把、鴻禧菇1把、蔥1支、
薄切豬腳肉1/2包（200克）

淋醬材料 醬油4匙、白醋2匙、糖1匙、辣油1匙、芝麻鹽2匙

 食譜

下酒菜料理

1
將菊苣和韭菜切成3公分的長段。

2
蘑菇切半，金針菇、鴻禧菇切掉根
部，蔥切成4公分長段。

3
將**淋醬材料**放入碗中均勻混合。

4
在氣炸鍋底鋪上烘焙紙，放入豬腳
肉，以**180度**烤**8分鐘**。

5
放入蘑菇、金針菇、鴻禧菇、蔥段，
再烤**5分鐘**。

6
將菊苣、韭菜和烤過的豬腳肉及蔬菜
盛盤，最後淋上醬汁就完成了。

台灣也吃得到的道地韓國美味

香辣血腸串

分量
2人份

 氣炸溫度
180度

 氣炸時間
7分鐘 ⟶(翻面) **5分鐘** ⟶(塗醬) **2分鐘**

 烘焙紙
竹籤

材料

┌ 可在蝦皮購物上購得

血腸1/2包（400克）、花生碎2匙

塗醬材料 辣椒醬1匙、玉米糖漿1匙、番茄醬1匙、番茄辣醬1匙

食譜

下酒菜料理

1 將血腸切成1.5公分長的小段，插上竹籤。

2 將**塗醬材料**倒入碗中均勻混合。

3 在氣炸鍋底鋪上烘焙紙，放入血腸串，先以**180度**烤**7分鐘**，翻面再烤**5分鐘**。

4 刷上塗醬後再烤**2分鐘**。

5 最後撒上花生碎就完成了。

下酒菜料理
第11名

料理時間
20
分鐘

分量
2人份

氣炸溫度
180度

氣炸時間
10分鐘
翻
面
5分鐘

烘焙紙

材料

冷凍水餃1/3包
（200克）
橄欖油少許
蔥3支

淋醬材料
醬油2匙
黃芥末1/2匙
白醋1匙
玉米糖漿2匙
水3匙

不輸蔥絲炸雞的高人氣好評
蔥絲炸餃子

食譜

1 氣炸鍋鋪上烘焙紙，放入水餃並噴橄欖油，以**180度**烤**10分鐘**，翻面再烤**5分鐘**。

泡冰水可以
去除嗆味

2 在蔥的長邊劃一刀，去掉芯後攤平，切成蔥絲放入大碗。

3 將**淋醬材料**拌勻後，倒入與蔥絲混合，和炸餃子一起盛盤就完成了。

分量
2人份

氣炸溫度
200度

氣炸時間
7分鐘

烘焙紙

材料

明太魚乾1隻
沾醬材料
美乃滋2匙
醬油1/2匙
青辣椒1/2根

下酒菜料理
第12名

料理時間
10
分鐘

不只是下酒菜，當零嘴也沒問題！
明太魚香絲

食譜

1 將整片明太魚乾剪成細條狀。

2 在氣炸鍋底鋪上烘焙紙，放入明太魚絲以**200度烤7分鐘**。

3 將**沾醬材料**倒入醬碟拌勻，就可以跟明太魚香絲一起上桌了。

海洋味十足、越嚼越香
烤香魚片

分量
4人份

 氣炸溫度
180度

 氣炸時間
8分鐘 → 5分鐘
翻面

 烘焙紙

 材料

生香魚片4片（200克）、玉米糖漿1匙、奶油1匙、香芹粉1匙

沾醬材料 美乃滋3匙、山葵1/2匙

 食譜

1 將生香魚片剪成好入口的長條狀，並將奶油搗碎。

2 在氣炸鍋底鋪上烘焙紙，將魚片平放後撒上玉米糖漿、碎奶油和香芹粉。

3 以**180度**烤**8分鐘**，翻面再烤**5分鐘**。

4 將**沾醬**材料倒入醬碟拌勻，就可以跟烤香魚片一起上桌了。

外表酥脆、裡面綿密細緻
帶皮香草薯角

| 分量
2人份 | 氣炸溫度
180度 | 氣炸時間
20分鐘 翻面 **15分鐘** | 烘焙紙 |

 材料

馬鈴薯3顆（200克）

醃醬材料 橄欖油4匙、鹽1/2匙、胡椒粉少許、羅勒粉1匙、香芹粉1匙

沾醬材料 羅勒青醬2匙、美乃滋2匙、胡椒粉少許

 食譜

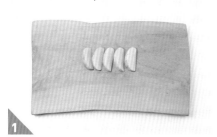

1

將馬鈴薯切成方便入口的月亮狀薯角，放入大碗中。

2

將**醃醬材料**加入薯角，充分混合。

3

在氣炸鍋底鋪上烘焙紙，放入醃好的薯角，先以**180度**烤**20分鐘**，翻面再烤**15分鐘**。

4

將**沾醬材料**倒入醬碟拌勻，就可以跟薯角一起上桌了。

下酒菜料理

顛覆你對炸物的想像
酥炸橄欖

分量
2人份

氣炸溫度
170度

氣炸時間
15分鐘

烘焙紙

下酒菜料理
第15名

料理時間
30
分鐘

材料

黑橄欖15顆（200克）
綠橄欖15顆（200克）
雞蛋1顆
脆酥粉1/2杯
麵包粉1杯
橄欖油少許

食譜

如果不喜歡太鹹，可以把橄欖泡冷水2～3小時再瀝乾

1 兩種橄欖洗淨後用篩子瀝乾，雞蛋在碗裡打成蛋液。

2 將橄欖依序裹上脆酥粉→蛋液→麵包粉，做成麵衣。

3 在氣炸鍋底鋪上烘焙紙，放入橄欖並噴一點橄欖油，以**170度**烤**15分鐘**就完成了。

分量
4人份

氣炸溫度
180度

氣炸時間
15分鐘
翻面↓
10分鐘

烘焙紙

材料

豬皮1片（500克）
鮮味粉少許
胡椒粉少許

熬煮材料
水6杯
韓式味噌1匙
韓國燒酒1/2杯
蔥根2～3個

富含膠原蛋白，柔軟又有彈性
韓式烤豬皮

下酒菜料理
第16名

料理時間
40
分鐘

食譜

豬皮捲起時
即可取出

冷掉想再加熱的話，再
氣炸2～3分鐘即可

將**熬煮材料**倒入湯鍋，煮
滾後放入豬皮，用中火煮
10分鐘後撈出。

將豬皮切成一口大小，加
鮮味粉和胡椒粉調味。

氣炸鍋鋪上烘焙紙，放入
豬皮以**180**度烤**15分鐘**，
翻面再烤**10分鐘**就完成。

下酒菜料理
Tip

拯救你的味蕾！
3道涼拌小菜

小酌、乾杯兩相宜！畫龍點睛的滋味，
讓家裡變身成為療癒人心的深夜食堂

幫助消化又開胃
涼拌蘿蔔絲

想保留清脆口感，
可以把蘿蔔絲切粗
一點，越細會越軟

蘿蔔1/2條（600克）
┗ 夏天的蘿蔔苦味較
重，可用鹽和糖醃
漬過再使用
蔥1/6支
芝麻油1/2匙
白芝麻少許

涼拌材料
辣椒粉2匙
糖1.5匙
鹽1/2匙
蒜泥1/2匙
白醋1.5匙

1 將白蘿蔔切成細絲，
蔥切成蔥花。

2 將**涼拌材料**倒入碗中，
放入蔥花均勻攪拌。

3 加入芝麻油後輕輕抓
醃，最後撒上芝麻粒
就完成了。

比煮泡麵更簡單

味噌糯米椒

糯米椒10根

涼拌材料
味噌1匙
辣椒醬1匙
蒜泥1/2匙
梅子汁1匙
芝麻油1匙
白芝麻1匙

1 糯米椒洗淨後去蒂，切成1公分寬的小段。
2 將**涼拌材料**倒入大碗中均勻攪拌。
3 加入切段的糯米椒充分混合就完成了。

肉類料理的絕佳拍檔

涼拌韭菜

韭菜1把
（100克）
白芝麻少許

涼拌材料
醬油1匙
辣椒粉2匙
糖1匙
白醋1匙
蒜泥1/2匙
芝麻油1匙

1 韭菜洗淨後去掉根部，切成好入口的長段。
2 將**涼拌材料**倒入大碗中均勻攪拌。
3 加入切段的韭菜和芝麻粒充分混合之後，就完成了。

嘴饞的時候
就是要它！

有鹹有甜的點心

嘗一口就停不下來
拔絲地瓜

分量
2人份

 氣炸溫度
200度

 氣炸時間
20分鐘

烘焙紙

 材料

地瓜2條（300克）、橄欖油少許、玉米糖漿2匙、蜂蜜1匙、黑芝麻1/2匙

食譜

1

地瓜洗淨後削去外皮，切成一口大小的塊狀。

2

將地瓜和橄欖油倒入碗中攪拌。

3

在氣炸鍋底鋪上烘焙紙，放入地瓜並以**180度**烤**20分鐘**。

4

平底鍋用小火預熱，倒入玉米糖漿和蜂蜜，等煮滾加入地瓜翻炒。

糖漿和蜂蜜的量可依個人喜好調整

5

充分攪拌均勻後關火，最後撒上黑芝麻粒就完成了。

少油低鹽無負擔！
炸薯餅

點心
第2名

料理時間
50
分鐘

分量
4人份

 氣炸溫度
180度

氣炸時間
20分鐘

烘焙紙

 材料

馬鈴薯4顆、鹽1/2匙、太白粉2匙、橄欖油少許、番茄醬適量

水煮材料 鹽1/2匙、糖1/2匙

 食譜

點心

1

將馬鈴薯洗淨、去皮後,其中兩顆切成馬鈴薯丁。

要水煮到筷子能輕鬆戳進馬鈴薯

2

另外兩顆馬鈴薯和**水煮材料**放入湯鍋,加水蓋過馬鈴薯後蓋上鍋蓋,等水滾後轉中火煮15分鐘,撈起後在大碗中壓成薯泥。再倒入步驟1的馬鈴薯丁拌勻。

可以多做一點放冷凍保存,記得冷凍的薯餅要烤久一點

3

薯泥加入鹽和太白粉揉成一團,取適量薯泥搓圓後,壓成手掌厚的片狀。

過程中要翻面一次

4

在薯餅的兩面塗上橄欖油,放入鋪了烘焙紙的氣炸鍋,以**180度**烤**20分鐘**後跟番茄醬一起上桌就完成了。

別懷疑！氣炸鍋也能做烘焙
杏仁餅乾

點心
第3名

料理時間
60
分鐘

分量
2人份

 氣炸溫度
180度

氣炸時間
10分鐘 翻面 **10分鐘**

 烘焙紙

 材料

奶油120克、糖100克、牛奶50毫升、低筋麵粉220克、小蘇打粉4克、杏仁片2/3杯

 食譜

1

奶油在室溫下靜置1小時軟化後，放入大碗中用打蛋器攪散。

2

將糖分成2～3次倒入碗中，攪拌至糖融化、看不到顆粒。

注意不能攪拌太久，一旦產生筋性就不酥脆了

3

先加入牛奶拌勻，再將低筋麵粉和小蘇打粉過篩倒入，用刮刀徹底攪拌到麵團沒有顆粒感。

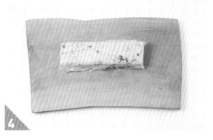

4

將杏仁片加入**步驟3**的麵團輕輕拌勻，裝入塑膠袋並捏成長方體，放冷凍2小時。

5

取出後將麵團切成1公分寬的片狀，放入鋪了烘焙紙的氣炸鍋，以**180度**烤**10分鐘**，翻面再烤**10分鐘**，最後放在網架上冷卻就完成了。

點心

料理時間
15
分鐘

解饞又滿足的韓式點心
香辣年糕串

分量 **2人份** 氣炸溫度 **180度** 氣炸時間 **5分鐘** 烘焙紙 竹籤

 材料

韓式年糕條2把（150克）

塗醬材料 番茄醬2匙、糖1匙、玉米糖漿2匙、辣椒醬1匙、醬油1匙

 食譜

如果是冷凍年糕，需要多煮1～2分鐘

1

將冷藏年糕條放入滾水中煮2分鐘，水量要蓋過年糕，再用篩子撈起瀝乾水分。

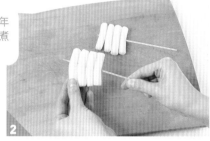

2

每根竹籤串上四條年糕。

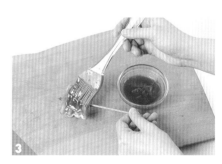

3

將**塗醬材料**拌勻後，均勻刷上年糕串的兩面。

4

在氣炸鍋底鋪上烘焙紙，放入年糕串以**180度**烤**5分鐘**就完成了。

點心

164
165

料理時間
10
分鐘

可以按照喜好變換口味
點心脆麵

分量
2人份

氣炸溫度
180度

氣炸時間
7分鐘

烘焙紙

材料

泡麵1包
糖1匙

依喜好添加
泡麵調味粉適量

食譜

1
將泡麵切成一半後,剝成一口大小。

過程中翻面,
顏色會烤得更
均勻

2
在氣炸鍋底鋪上烘焙紙,放入泡麵以**180**度烤**7分鐘**。

可依喜好加入
泡麵調味粉或
其他調味料

3
將烤好的點心脆麵、糖和調味粉倒入塑膠袋搖晃均勻就完成了。

分量
3人份

氣炸溫度
180度

氣炸時間
7分鐘

烘焙紙

材料

年糕條2把（150克）
橄欖油適量

拌醬材料
玉米糖漿3匙
醬油2匙
糖1匙
蒜泥1/2匙

點心
第6名

料理時間
20
分鐘

席捲宮廷＆街頭的經典滋味
韓式醬油年糕

點心

食譜

1

2

可依照個人
口味加黑芝
麻或白芝麻
3

將冷藏年糕條放入滾水中
煮2分鐘，水量要蓋過年
糕，再用篩子撈起瀝乾。

在氣炸鍋底鋪上烘焙紙，
放入年糕條並噴一點橄欖
油，以**180度**烤**7分鐘**。

將**拌醬材料**倒入平底鍋後
開火，等邊緣冒泡再加年
糕條煮2分鐘就完成了。

166

不用油炸也能享受酥脆口感！
香草風味薯條

點心
第7名

料理時間
30
分鐘

分量
2人份

 氣炸溫度
180度

氣炸時間
15分鐘 ——翻面—— **10分鐘**

 烘焙紙

 材料

馬鈴薯2顆、橄欖油1匙、鹽少許、胡椒粉少許、番茄醬適量
依喜好添加 香芹粉適量

 食譜

去掉表面澱
粉會更酥脆

1

將馬鈴薯洗淨後,切成1公分寬的條
狀,泡冷水10分鐘去掉表面澱粉。

2

將瀝乾的馬鈴薯條和橄欖油、鹽、胡
椒粉倒入碗中拌勻。

3

在氣炸鍋底鋪上烘焙紙,放入調味過
的薯條並以**180度**烤**15分鐘**。

可依照個人
喜好撒一點
香芹粉

4

薯條翻面再烤**10分鐘**就完成了,配著
番茄醬一起上桌更美味。

點
心

瑞典式道地家庭料理
手風琴馬鈴薯

點心
第8名

料理時間
30
分鐘

分量
2人份

 氣炸溫度
180度

 氣炸時間
10分鐘 ⟶翻面 **10**分鐘

 烘焙紙

 材料

馬鈴薯2顆、奶油2匙、香芹粉少許、帕瑪森起司粉少許

 食譜

可以在馬鈴薯兩
邊各放一支筷子
輔助更好切

1 將馬鈴薯洗淨後,用刀切出薄片的形狀,但不切到底。

去掉表面澱
粉會更酥脆

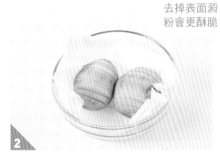

2 泡冷水10分鐘、去掉表面澱粉後,取出放在廚房紙巾上把水分吸乾。

3 在氣炸鍋底鋪上烘焙紙,將馬鈴薯每一道切面均勻塗上奶油後,放入氣炸鍋並以**180**度烤**10分鐘**。

還可依照個人
喜好撒上洋蔥
末或蒜末

4 翻面再烤**10分鐘**,最後撒上香芹粉和帕瑪森起司粉就完成了。

熱熱吃最療癒！
培根馬鈴薯燒

點心
第9名

料理時間
40
分鐘

分量
4人份

 氣炸溫度
200度

 氣炸時間
25分鐘 ⟶ **7**分鐘
翻面

 烘焙紙

 材料

蔥1支、培根2條、馬鈴薯4顆、奶油2匙、莫札瑞拉乳酪絲1/2杯

食譜

1 蔥切成蔥花、培根片切丁。

2 將馬鈴薯洗淨,在上方切出深一點的十字開口。

3 在氣炸鍋底鋪上烘焙紙,放入馬鈴薯並以**200度**烤**25分鐘**。

4 將奶油、培根丁和莫札瑞拉乳酪絲塞入馬鈴薯的開口,再烤**7分鐘**。

5 盛盤後,撒上蔥花就完成了。

點心

追劇不能少的解饞點心
深海魷魚酥

分量
2人份

 氣炸溫度
160度

 氣炸時間
15分鐘 翻面 **5分鐘**

烘焙紙

 材料

魷魚1條、鹽少許、胡椒粉少許、脆酥粉2匙、麵包粉1杯、椰子粉1/2杯
麵衣材料 脆酥粉1杯、雞蛋1顆、水2/3杯
沾醬材料 美乃滋4匙、山葵1/2匙、蜂蜜1匙

 食譜

 **1**

將魷魚的內臟清理乾淨，剝掉薄膜並切成一口大小，用鹽、胡椒粉調味。

 **2**

將調味過的魷魚塊和2匙脆酥粉放入乾淨塑膠袋，搖晃均勻。

 **3**

將**麵衣材料**倒入碗中輕輕拌勻，再另外用一個碗混合麵包粉和椰子粉。

 **4**

將**步驟2**的魷魚塊，依序裹上麵衣→麵包粉加椰子粉。

 **5**

氣炸鍋鋪上烘焙紙，放入魷魚塊以**160度**烤**15分鐘**，翻面再烤**5分鐘**。

 **6**

沾醬材料倒入碗中混合後，和魷魚酥一起上桌就完成了。

點心

高蛋白給你滿滿的活力！
爆漿蘇格蘭蛋

點心
第11名

料理時間
40
分鐘

分量
3人份

 氣炸溫度
185度

氣炸時間
160度 **8分鐘** → **10分鐘** 翻面 → **10分鐘**

烘焙紙

 材料

雞蛋7顆、洋蔥1/4顆、牛絞肉250克、蒜泥少許、麵包粉1.25杯、鹽少許、胡椒粉少許、香芹粉少許、麵粉1/2杯、橄欖油少許

食譜

點心

1. 將6顆蛋放入氣炸鍋,先以**160度**烤**8分鐘**做成溏心蛋。

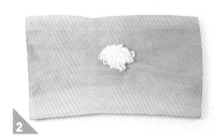

2. 洋蔥切成小丁。

3. 牛絞肉用紙巾吸乾血水,加入洋蔥丁、蒜泥、1/4杯麵包粉、鹽、胡椒粉和香芹粉拌勻。

4. 溏心蛋剝殼,外面包上一層薄薄的步驟3牛絞肉。

5. 將1顆蛋打散,把步驟4的肉包蛋依序裹上麵粉→蛋液→麵包粉,放入鋪了烘焙紙的氣炸鍋。

6. 噴一點橄欖油,以**185度**烤**10分鐘**後翻面再烤**10分鐘**,最後撒上香芹粉就完成了。

當點心、當早午餐都沒問題！
起司吐司條

分量
2人份

 氣炸溫度
180度

 氣炸時間
10分鐘

烘焙紙

 材料

吐司5片、起司條5條、雞蛋1顆、融化奶油2匙、甜辣醬適量

食譜

點心

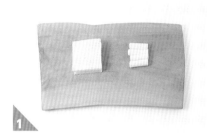

1 吐司去邊，起司條對半切成二等分。

2 用擀麵棍把吐司擀平。

3 用擀平的吐司把起司條包起來，接口和兩端塗上蛋液後用叉子壓緊固定。

4 在氣炸鍋底鋪上烘焙紙，放入起司吐司條，接口處朝下，並依序塗上蛋液→融化的奶油。

5 以**180度**烤**10分鐘**就完成了，沾甜辣醬吃更好吃。

清爽香甜、零負擔！
肉桂蘋果片

分量
4人份

 氣炸溫度
180度

氣炸時間
10分鐘 → 3分鐘
翻面

烘焙紙

 材料

蘋果1顆、太白粉1/4杯、麵包粉1.5杯、橄欖油少許、糖粉少許、肉桂粉少許
麵衣材料 鬆餅粉1/2包（200克）、雞蛋1顆、牛奶1/2杯

 食譜

1

蘋果洗淨橫切，切成圓形的片狀，再用瓶蓋把中間的籽去掉。

2

將**麵衣材料**倒入大碗中攪拌均勻。

3

將蘋果片依序裹上太白粉→步驟2的麵衣→麵包粉。

4

在氣炸鍋底鋪上烘焙紙，放入蘋果片並噴一點橄欖油，以**180度**烤**10分鐘**後翻面再烤**3分鐘**。

5

盛盤後撒上糖粉和肉桂粉就完成了。

點心

起司控快來！
牽絲起司棒

分量
3人份

 氣炸溫度
170度

 氣炸時間
5分鐘 ⟶ **5**分鐘
翻面

 烘焙紙

 材料

起司條3條、麵包粉1杯、香芹粉1匙、橄欖油少許、雞蛋2顆、麵粉1/2杯

 食譜

點
心

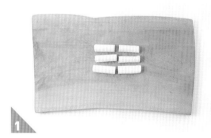

1

將起司條對半切成2等分。

2

麵包粉倒入大碗加入香芹粉和橄欖油攪拌均勻，2顆蛋打散成蛋液。

整條起司條一定要均勻裹上麵衣，加熱時才不會爆開

3

將起司條依序裹上麵粉→蛋液→**步驟2**的麵包粉，並重複2次。

4

在氣炸鍋底鋪上烘焙紙，放入**步驟3**的起司條，以**170度**烤**5分鐘**後翻面再烤**5分鐘**就完成了。

182

183

料理時間
15
分鐘

分量
2人份

氣炸溫度
180度

氣炸時間
10分鐘

烘焙紙

材料

長條年糕6條
橄欖油少許
蜂蜜適量

冷藏年糕要放入
滾水煮2分鐘,
冷凍年糕要先解
凍再料理

不知不覺越吃越上癮
烤年糕

食譜

1 在氣炸鍋底鋪上烘焙紙,放入長條年糕並噴一點橄欖油。

2 以**180**度烤**10分鐘**就完成了,沾蜂蜜吃更美味。

分量
2人份

氣炸溫度
160度

氣炸時間
8分鐘

點心
第16名

料理時間
10
分鐘

點
心

居然這麼簡單!
溏心蛋

材料

雞蛋6顆
鹽2匙

食譜

想吃原味溏心
蛋的話,可以
省略步驟2

1
雞蛋先放在室溫下退冰,再放入氣
炸鍋並以**160度**烤**8分鐘**。

2
將雞蛋泡進鹽水6~8小時調味就完
成了。

難以抵擋的脆皮炸雞誘惑！

燕麥脆雞柳

點心
第17名

料理時間
60
分鐘

分量
4人份

 氣炸溫度
185度

氣炸時間
10分鐘 → **10分鐘**
翻面

烘焙紙

 材料

雞里肌肉400克、無糖燕麥片2杯、脆酥粉1杯、水1杯、辣椒粉1/2匙、咖哩粉1/2匙

醃醬材料 原味優格1盒（80克）、鹽少許、薑泥少許、胡椒粉少許

沾醬材料 番茄醬4匙、美乃滋4匙、蜂蜜2匙、辣醬1匙

 食譜

優格可以
去除雞肉
的腥味

雞里肌肉去筋後拌入**醃醬材料**，冷藏20～30分鐘入味。

將燕麥片放入夾鏈袋，用擀麵棍均勻敲碎。

將雞里肌肉和脆酥粉裝入塑膠袋搖晃，讓雞肉均勻裹上脆酥粉後取出。

將剩下的脆酥粉倒入大碗，加水、辣椒粉和咖哩粉後拌成麵衣。

雞里肌肉依序裹上麵衣→燕麥片，並在氣炸鍋底鋪上烘焙紙。

放入雞肉以**185度**烤**10分鐘**，翻面再烤**10分鐘**。

將**沾醬材料**倒入醬碟拌勻，和炸雞一起上桌就完成了。

點
心

PART 7

會插電

就會煮！

超省時加工料理

第1名　韓式辣味炸物

第2名　糖醋海苔捲

第3名　日式煎餃

第4名　韓式魚板片

第5名　焗烤血腸

第6名　蒜香鹹酥雞胗

第7名　甜辣雞塊

第8名　炸銀絲捲

第9名　糯米椒鑲肉

第10名　香腸年糕串

讓人胃口大開的韓式辣醬

韓式辣味炸物

分量 **4人份** | 氣炸溫度 **180度** | 氣炸時間 **10分鐘**—翻面—**10分鐘** | 烘焙紙

材料　冷凍綜合炸物1包（450克）、橄欖油少許、花生碎3匙
醬汁材料　辣椒醬4匙、番茄醬5匙、玉米糖漿2匙、蒜泥1匙、蔥花1匙、
　　　　　　洋蔥末1匙、水1/2杯、胡椒粉少許

加工料理

噴橄欖油能
讓炸物更脆

1 在氣炸鍋底鋪上烘焙紙，放入冷凍綜合炸物後噴一點橄欖油。

2 先以**180度**烤**10分鐘**後，翻面再烤**10分鐘**。

3 將**醬汁材料**倒入平底鍋，轉中火煮到水剩一半。

較大的炸物
可以先切成
一口大小

4 將綜合炸物放入平底鍋，跟醬汁拌勻後關火，最後撒上花生碎就完成了。

超百搭的韓式糖醋醬

糖醋海苔捲

加工料理
第2名

料理時間
30
分鐘

分量	氣炸溫度	氣炸時間	烘焙紙
4人份	180度	10分鐘 — 5分鐘	

冷凍海苔捲1/2包（250克）、紅蘿蔔1/3根、洋蔥1/2顆、香菇1朵、橄欖油少許、太白粉水3匙 ‧ 水1.5匙和太白粉1.5匙拌勻

醬汁材料 水1杯、白醋3匙、醬油4匙、糖4匙

可依個人喜好加入彩椒或水果

1 氣炸鍋底鋪上烘焙紙，放入海苔捲以**180度烤10分鐘**，翻面再烤**5分鐘**。

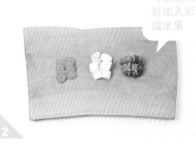

2 紅蘿蔔切薄片，洋蔥和香菇切成一口大小。

3 平底鍋預熱後倒橄欖油，放入紅蘿蔔、洋蔥和香菇拌炒，加入**醬汁材料**並轉中火。

4 等醬汁煮滾後倒入太白粉水勾芡。

5 將烤好的海苔捲盛盤，淋上醬汁就完成了。

加工料理
第3名

料理時間
10
分鐘

分量
2人份

氣炸溫度
180度

氣炸時間
8分鐘

烘焙紙

10分鐘上菜！
日式煎餃

材料

冷凍煎餃15顆
沾醬材料
醬油2匙
白醋2匙
糖1/2匙
水1匙

塗水可以避免
表面太乾硬

在氣炸鍋底鋪上烘焙紙，放入冷凍煎餃並塗上一點水。

以**180度**烤**8分鐘**。

將**沾醬材料**拌勻，一起上桌就完成了。

分量
6人份

氣炸溫度
170度

氣炸時間
7分鐘
↓
5分鐘

加工料理
第4名

料理時間
15
分鐘

氣炸一下就超美味
韓式魚板片

材料

韓式魚板3片

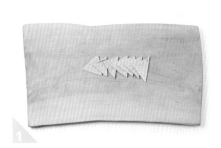

將魚板切成一口大小的三角形。

過程中翻面可以烤得更均勻

在氣炸鍋底鋪上烘焙紙，放入魚板以**170度**烤**7分鐘**後翻面再烤**5分鐘**就完成了。

韓式與義式的完美結合！
焗烤血腸

分量	氣炸溫度	氣炸時間	耐熱容器
2人份	**180度**	**10分鐘**	

洋蔥1/4顆、青辣椒1根、血腸1/4包（200克）、番茄醬5匙、
莫札瑞拉乳酪絲1杯、香芹粉少許

洋蔥切細絲、青辣椒切末，血腸切成
一口大小。

耐熱容器依序放入血腸→洋蔥絲→青
辣椒→番茄醬→莫札瑞拉乳酪絲。

將整個容器放入氣炸鍋，以**180度**烤
10分鐘。

最後撒上香芹粉就完成了。

加工料理

收服老饕味蕾的夜市小吃！

蒜香鹹酥雞胗

加工料理
第6名

料理時間
40
分鐘

分量	氣炸溫度	氣炸時間	烘焙紙
2人份	180度	15分鐘 翻面 10分鐘	

材料

雞胗1/3包（300克）、麵粉2匙、大蒜15瓣、脆酥粉4匙

醃醬材料 清酒1匙、鹽少許、胡椒粉少許

拌醬材料 蒜泥3匙、蜂蜜1匙、芝麻油2匙、鹽1/4匙、胡椒粉少許

食譜

麵粉搓洗可以去除腥味和雜質，洗兩次更好

1
雞胗用麵粉搓洗後沖冷水，再用篩子瀝乾。

2
雞胗放入大碗，加入大蒜和**醃醬材料**拌勻，靜置入味。

3
將脆酥粉加入醃過的雞胗，充分混合均勻。

4
在氣炸鍋底鋪上烘焙紙，放入步驟3的雞胗以**180度**烤**15分鐘**後，翻面再烤**10分鐘**。

5

如果覺得蒜味太嗆，可先放微波爐加熱30秒2次

雞胗盛盤，拌入**拌醬材料**就完成了。

加工料理

加工料理
第7名

料理時間
20
分鐘

分量
2人份

氣炸溫度
180度

氣炸時間
10分鐘
到
5分鐘

烘焙紙

材料
冷凍雞塊20塊
堅果碎4匙

醬汁材料
玉米糖漿5匙
蒜泥1/2匙
辣椒粉1匙
番茄醬1匙
辣椒醬2匙
水1/2杯

越多人吃越好吃！
甜辣雞塊

在氣炸鍋底鋪上烘焙紙，放入雞塊後以**180度**烤**10分鐘**後，翻面再烤**5分鐘**。

將**醬汁材料**倒入平底鍋，轉中火加熱，等煮滾後關火。

將烤好的雞塊倒入鍋中醬汁拌勻，就完成了。

分量
3人份

氣炸溫度
160度

氣炸時間
10分鐘

烘焙紙

不油不膩的香甜口感！
炸銀絲捲

冷凍銀絲卷10顆
橄欖油1匙
煉乳或蜂蜜適量

解凍時蓋上濕
布或保鮮膜才
不會變乾

先將冷凍銀絲卷放在室溫下解凍。

在銀絲卷表面均勻塗上橄欖油，放入鋪了烘焙紙的氣炸鍋。

以**160度**烤**10分鐘**，淋上煉乳或蜂蜜就完成了。

簡單好吃，讓人多扒兩碗飯！

糯米椒鑲肉

加工料理
第9名

料理時間
30
分鐘

分量 **4人份** | 氣炸溫度 **190度** | 氣炸時間 **10分鐘** | 烘焙紙

糯米椒6根、冷凍漢堡排3塊、麵粉1/3杯、雞蛋1顆、麵包粉2杯

沾醬材料 醬油3匙、白醋1匙、糖1匙、水1匙

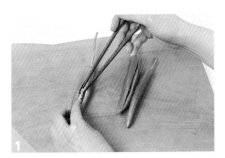

糯米椒洗淨，剖開、去掉裡面的籽。

將冷凍漢堡排放到碗裡，包保鮮膜用微波爐加熱2分鐘，把漢堡排揉散。

在糯米椒內側均勻抹上麵粉，並用漢堡餡填滿糯米椒。

步驟3的糯米椒鑲肉依序裹上蛋液→麵包粉。

在氣炸鍋底鋪上烘焙紙，放入糯米椒鑲肉以**190度**烤**10分鐘**。

將**沾醬材料**倒入醬碟拌勻，沾著糯米椒鑲肉吃。

好吃到沒朋友！
香腸年糕串

分量
4人份

氣炸溫度
180度

氣炸時間
8分鐘

烘焙紙
竹籤

材料

韓式年糕條24條、小香腸24條、蜂蜜芥末醬適量

塗醬材料　辣椒醬1匙、玉米糖漿3匙、蒜泥1/2匙、番茄醬1匙、醬油1/2匙、
　　　　　水3匙

食譜

加工料理

1

將年糕條放入滾水汆燙30秒，用篩子
瀝乾。

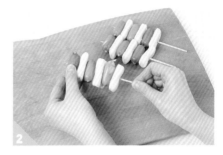

2

用竹籤輪流串上年糕條和小香腸。

3

將**塗醬材料**倒入平底鍋，轉小火加
熱，等煮滾後關火。

4

在氣炸鍋底鋪上烘焙紙，放入香腸年
糕串以**180度**烤**8分鐘**。

5

將年糕香腸串盛盤，均勻塗上醬汁並
淋上蜂蜜芥末醬就完成了。

加工料理
Tip

傳遍大街小巷！
6道韓國街頭小吃

以下介紹的6種冷凍食品，都是韓國很受歡迎的冷凍食品，
只需放入氣炸鍋就能完成，非常方便。
有機會買到的話，一定要買來吃吃看！

冷凍麵包蝦

噴一點橄欖油，以**180度**烤**10分鐘**後翻
面再烤**5分鐘**。

冷凍章魚燒

噴一點橄欖油，以**180度**烤**10分鐘**後翻
面再烤**5分鐘**，淋上醬汁、美乃滋、柴
魚片就完成了。

冷凍辣豬皮

集中放在烘焙紙上放入鍋中，以**180度**
烤**5分鐘**後翻面再烤**5分鐘**。

冷凍炸豆腐

噴一點橄欖油，以**180度**烤**10分鐘**後翻面再烤**5分鐘**，淋上醬油、醃蘿蔔、柴魚片就完成了。

冷凍長條包子

以**160度**烤**10分鐘**後翻面再烤**5分鐘**。

冷凍生可頌麵包

生可頌麵包烘焙紙上放入鍋中，以**180度**烤**10分鐘**後確認有沒有熟透，不夠的話再烤**3分鐘**。

台灣廣廈 國際出版集團
Taiwan Mansion International Group

國家圖書館出版品預行編目（CIP）資料

700萬人評選!最想吃的氣炸鍋人氣排行料理：韓國網路最夯!只要3-5步驟
,103道氣炸料理,三餐、點心、派對料理,通通一鍋搞定/萬道料理研究會作；
Levi Wu譯. -- 初版. -- 新北市 : 臺灣廣廈, 2020.12
　　面；　公分
　　ISBN 978-986-130-475-5(平裝)
　　1.食譜

427.1　　　　　　　　　　　　　　　　　　　109016615

700萬人評選！最想吃的氣炸鍋人氣排行料理

韓國網路最夯！只要3～5步驟，103道氣炸料理，三餐、點心、派對料理，通通一鍋搞定

作　　　者／萬道料理研究會	編輯中心編輯長／張秀環	
譯　　　者／Levi Wu	封面設計／林珈仔・內頁排版／菩薩蠻數位文化有限公司	
	製版・印刷・裝訂／東豪・弼聖・秉成	

行企研發中心總監／陳冠蒨	線上學習中心總監／陳冠蒨
媒體公關組／陳柔彣	數位營運組／顏佑婷
綜合業務組／何欣穎	企製開發組／江季珊、張哲剛

發　行　人／江媛珍
法 律 顧 問／第一國際法律事務所 余淑杏律師・北辰著作權事務所 蕭雄淋律師
出　　　版／台灣廣廈
發　　　行／台灣廣廈有聲圖書有限公司
　　　　　　地址：新北市235中和區中山路二段359巷7號2樓
　　　　　　電話：（886）2-2225-5777・傳真：（886）2-2225-8052

代理印務・全球總經銷／知遠文化事業有限公司
　　　　　　地址：新北市222深坑區北深路三段155巷25號5樓
　　　　　　電話：（886）2-2664-8800・傳真：（886）2-2664-8801
郵 政 劃 撥／劃撥帳號：18836722
　　　　　　劃撥戶名：知遠文化事業有限公司（※單次購書金額未達1000元，請另付70元郵資。）

■出版日期：2020年12月　　　■初版8刷：2023年12月
ISBN：978-986-130-475-5　　版權所有，未經同意不得重製、轉載、翻印。